የመጪው ዘመን ቴክኖሎጂና ኑሮ

በናኖቴክኖሎጂ ስልተምርት የሥራ አደረጃጀት፣
የማህበራዊና መንግሥታዊ አወቃቀር

ጥላሁን ጣሰው

በክሬት ስፔስ የአማዞን ኩባንያ ታተመ
ISBN 13: 978-1517020415
ISBN 10: 1517020417

ይህን መጽሐፍ ትምህርት ቤቶች፣ መምህራን፣ ጋዜጠኞችና በአጠቃላይ ማንኛውም ቤተሰብ ለትምህርት ጉዳይ በአንድ ጊዜ እስከ 10 ገጽ ድረስ በማንኛዉም ዘዴ በማተም ለመጠቀም ይችላሉ። ለትርፍ ለሆነ ጉዳይ ግን የዚህን መጽሐፍ ከፊልም ሆነ ሙሉ አካል ካለደራሲው ስምምነት መልሶ ማሳተምና ማሰራጨት ክልክል ነዉ።

ደራሲውን በሚከተለው አድራሻ ማግኘት ይቻላል፣

tilahuntassew@yahoo.com

ጥላሁን ጣሰው
ፖሳቁ 1110/1033
አዲስ አበባ፣ ኢትዮጵያ

ለደራሲው አስተያየታችሁን በትጽፉለት ምስጋናው ከፍ ያለ ነው።

መጽሐፉን በኢንተርኔት ከአማዞን ዶት ኮምና ሌሎች አከፋፋዮች ክፍያ በመፈጸም ማዘዝ ይቻላል።

ማውጫ

መተርጎሚያ

ናኖቴክኖሎጂ፣ ቁሳቁስ ወይም መሣሪያን ለዓይን የማይታዩ እጅግ በጣም ጥቃቅን አድርጎ የመፍጠር ዘዴ።

ናኖሜትር፣ የአንድ ሜትር አንድ ቢሊዮን እጅ ያነሰ። አንድ ናኖሚትር=.000000001 ሜትር ነው።

ናኖቁስ (nano particle)፣ ከማይክሮ ሜትር ያነሱ ከ1እስከ 100 ናኖ ሚትር የሆኑ ቁሶች። ልም ናኖቁሳቁስ ከ100 እስከ 2500 ናኖሚትር ሲሆኑ ግርድፍ ናኖቁሶች ደግሞ ከ2500 እስከ 10000 ናኖ ሜትር ውስጥ ያሉ ናቸው።

ናኖክሪስታል፤ ከ100 ናኖሚትር ሌላው ቢቀር በ1 ያነሰ ናኖቁስ ሲሆን ነጠላ ወይ ብዝሀ የሆነ የክሪስታል አወቃቀር ካለቸው አቶሞች የተሠራ ነው።

3ዲ ሕትመት (ፕሪንቲንግ)፣ ይህ አንድን ዕቃ ንጣፍ በንጣፍ ላይ በመደራረብ የማምረት (የማተም) ዘዴ ነው።

3ዲ ስካነር፤ ይህ አንድን ቁስ ወይም አካል የ3ዲ ሞዴል ለማውጣት የሚያስችል ነው። የሞባይል ስልክ ቀፎዎች ይህንን ያካትታሉ ተብሎ ይጠበቃል።

ናኖፍብረካ፣ ይህ ውጤታማና በተመጣጣኝ ዋጋ በናኖ ሚዛን ያሉ ቁሶችን፣ መዋቅሮችን፣ መሣሪያዎችንና ሥርዓቶችን በፋብሪካ ማውጣት ነው።

በራሱ የሚገጣጠም አሠራር፣ ይህ የአንድ ስትራክቸር አካላት ካለውጭ ጣልቃገብነት እርስ በርሳቸው ተጣምረው የታቀደውን ምርት የሚያስገኙበት ሂደት ነው።

ሥልተ-ምርት፣ በአንድ ወቅ የቴክኖሎጂ ውጤቶች ላይ የተመሠረተ የአመራረትና የአደረጃጀት ዘዴ ነው።

ናኖሥልተ ምርት፣ በናኖቴክኖሎጂ ላይ የተመሠረተ የአመራረት አደረጃጀት ሥርዓት ነው።

ካፒታሊዝም፣ በኢንደስትሪ ቴክኖሎጂ ላይ ተመሥርቶ ለገበያ የሚውል የሸቀጥ አመራረትና አደረጃጀት ስልተምርት ነው። በፖለቲካ ሥርዓቱ ሶሻሊስትና ሊበራል አመለካከቶች በመስተጋብር የሚሠሩበት ነው።

ኒዮ ሶሻሊስት ስልተምርት፤ በኢንደስትሪ ቴክኖሎጂ ላይ ተመሥርቶ የሶሻሊስት ህብረተሰብን ለመገንባት የሚሞክር ሥርዓት። በሶቪዬት ሕብረት ካለ ሊበራል የገበያ መስተጋብር ሶሻሊዝምን ለማስረጽ ተሞክሮ የከሸፈ ሥርዓት ነው። የቻይናው ኒዮሶሻሊስት ሶሻሊዝምን ከገበያ ሥርዓት ጋር በማጣመር እየሠራ ያለ ነው።

ኒዮሊበራሊዝም ስልተምርት፣ በኢንደስትሪ ቴክኖሎጂ ላይ ተመሥርቶ ሊበራሊዝምን በዋናነት እንዲሁም የሶሻሊስት እሳቤዎችን በመጠኑ በማቀንቀን ሊበራሊዝምን ዘላለማዊ ለማድረግ የሞከረ ሥርዓት ሲሆን ከሶቪዬት ሕብረት መፍረስ በኋላ ሊበራሊዝምን ከሶሻሊስት መስተጋብሩ ነጥሎ ሊበራሊዝምን ዓለምአቀፋዊና ዘላለማዊ ለማድረግ በአሜሪካና አጋሮቹዋ ሥራ ላይ ያለ ሥርዓት ነው።

ሸቀጥ፣ በካፒታሊዝም በኢንደስትሪ ሕብረተሰብ (ኒዮ-ሶሻሊዝምና የቻይናን ኒዮ-ሊበራሊዝምን ጨምሮ) በዋናነት ለልውውጥ የሚውል በኢንደስትሪ የተመረተ ቁስ ነው።

ምርት፣ በማሽን በመታገዝ፣ በጉልበት ወይም በናኖ ስልተምርት በሕትመት የሚወጣ ለጥቅም የሚውል ቁስና መሳሪያ ነው።

አቶኮፕተር፣ ካለሾፌር እቃዎችን ከቦታ ቦታ በአየር ለማድረስ የሚያገለግልና በወደፊቱ ዓለም ለሰውና ለዕቃ ዋና መጓጓዣ ይሆናል ተብሎ የሚገመት።

እኤአ እንደ አውሮፓ አቆጣጠር

ይህ በኒዘርላንድ ናኖሕትመትን በመጠቀም ሊሠራ የታሰበው የብረት ድልድይ የኮምፒዩተር ምስል ነው። ሁለቱ ሮቦቶች ከየወገናቸው የብረት ድልድዩን ካለደጋፊና መወጣጫ እያተሙ ሁለቱም ሲያጠናቅቁ የድልድዩ ሁለት ወገኖች ይገጥማሉ። በዚህ በፎቤስ መጽሔት በናንሲ አዋኖ በቀረበ ጽሑፍ በ2008 (20017 እኤአ) የደች መሃንዲስ ላርማን ሁለቱን ሮቦቶች በካናሉ ላይ አድርጎ ካስነሳ በኋላ በሁለት ወሩ ተመልሶ ሲመጣ የሰው መሸጋገሪያ ድልድዩ ተገባዶ ለመገልገያነት ተዘጋጅቶ ይጠብቀዋል።

1. አዲስ ነገር እየመጣ ነው

በገጽ 7 የተመለከተውን ሥዕል ዓይተው ከተደመሙ በእርግጥ አዲስ ነገር እየመጣ መሆኑን ይገነዘባሉ። ሁለቱ ሮቦቶች በ3ዲ ሕትመት የብረቱን ድልድይ ሲሠሩ የሰው ሃይል ድጋፍ አያስፈልጋቸውም። ሁሉም ነገሮች በናኖቴክኖሎጂ ቢመረቱ ምን ሊሆን እንደሚችል በእርግጥ የሚያስደምም ነው። የለውጡን ማዕበል ውስጡ ሆነን እያለበሰን፣ እያጥለቀለቀን ስለሆነ በቀጣይ ጥቂት ዓመታት ውስጥ ሙሉ በሙሉ ሲያለብሰንና ሲያሰጥመን አወኛኘቱን ካለወቅነበት ከትልቅ ችግር ልንገባ ወይም ይበልጥ ኋላ ቀር ልንሆን እንችላለን።

ይህን ልዩ የሆነ ቴክኖሎጂን በኢንደስትሪያዊ ቴክኖሎጂ ሕብረተሰብ ከምናውቀው ዘመናዊ አሠራር ጋር በማነጻጸር ላስረዳ ልሞክር። በአካባቢያችሁ ከምታዩት ለኛ ዘመናዊ ከሚመስሉን አሠራሮች ጋር ላዛምድላችሁ።

በአሁኑ ጊዜ በብዙ ኋላቀር ቦታዎች መጻሕፍት ለግዥ የሚቀርቡት፣ በአሳታሚዎች በኩል ማተሚያ ቤት ገብተው፣ ተባዝተው፣ በአሳታሚዎች መጋዘን ውስጥ ተከማችተው፣ ከውጭ አገር የሚመጡ ከሆነ በየብስ፣ በባሕርና በአየር ተጓጉዘው ከዚያም ለየቤተ መጻሕፍቱና የመጽሐፍ መደብሮች ይታደላሉ። መጻሕፍት ለመግዛት ወይ ለማንበብ ሰዎች ወደ መጽሐፍ መደብሮችና ቤተ መጻሕፍት ይሄዳሉ።

አሁን ቴክኖሎጂው የለመድነውን አሠራር እየቀየረው ነው። በኮምፒተር የተጻፈና ለሕትመት የተዘጋጀ መጽሐፍ ኮምፒዩተር ከሚጠቀም ከአንድ ቦታ በዓለም ላይ ላለ የትኛውም ቦታ በኢንተርኔት ሊተላለፍና ከኮምፒዩተር ጋር በተጣመሩ ዲጂታል ማተሚያዎች በሁሉም ቦታዎች በአንድ

ጊዜ በመጽሐፍ መልክ ሊታተም ይችላል። ይህም ከአንዱ ዓለም ወደ ሌላው ዓለም በየብስ በመኪና፣ በባሕር ላይ በመርከብ፣ እንዲሁም በአውሮፕላን በዓየር የማጓጓዝ አስፈላጊነትን ቀሪ ያደርገዋል።

አማዞን የሚባል ኩባንያ ይህን አሠራር በአሜሪካ፣ በአውሮፓ፣ በጃፓን፣ በሕንድ እያቀረበ ነው ። መጻሕፍቱ በቅርብ የሚመረቱ ስለሆነ ለተጠቃሚዎች ለማጓጓዝ የፖስታ አገልግሎትን ይጠቀማል። በቅርቡም በጥቃቅን እቃ ተሸክመው በየቤቱ የሚያደርሱ አውሮፕላን በሚመስሉ፣ አቶኮፕተሮች፣ መጻሕፍቱን ለገዥዎች ለማድረስ አቅዷል። ይህ ለኛ እጅግ ዘመናዊ የሚመስለን ግን በናኖቴክኖሎጂ ዘመን ኋላ ቀር አሠራር ነው። ለኛ ግን ትልቅ ለውጥ ይመስለናል። ምክንያቱም ገና በሃያኛው ክፍለ ዘመን ሥርዓት ውስጥ ነን። ዘመኑ ግን የ21ኛው ክፍለ ዘመን ነው። በናኖቴክኖሎጂ ትግበራ መጽሐፉ ከቤትዎ በ3ዲ ታትሞ ተጠርዞ ከእጅዎ ይገባል። ማጓጓዝም ሆነ የሰው ሃይል አጠቃቀሙ እንደ ብረት ድልድዩ የሰው ድጋፍ አያሻውም።

ከጥቂት ዓመታት በፊት ከባንክ ገንዘብ ለማውጣትም ሆነ ክፍያ ለመፈጸም ወደ ባንኩ መሄድ ነበረብዎት። ዛሬ ከስልክዎ ይህንን መፈጸም ይችላሉ። በናኖቴክኖሎጂ ዘመን ይህ ኋላ ቀር ይሆናል። አንድ ሁለት ምዕራፎች ስለ ሸቀጥ ልውውጥ እንዳነበቡ ግልጽ ስለሚሆን ምክንያቱን ለጊዜው እናቆየው።

የመኪና አካላትን ከተሠሩበት አገር አምጥቶ በሌላ አገር ገጣጥሞ መሸጥ እንደሚቻል በኢትዮጵያም ሲሠራ አይታችኋል። ፓስታም፣ ጨርቅም፣ ጫማም ጥሬ ዕቃውን በከፊልም ሆነ ሙሉ በሙሉ ከአምራቹ አገር አምርተው ወይም ከውጭ አስመጥተው በአገራችን አምርተው ሲሸጡ ተመልክታችኋል። ዘመናዊ የመጭውን ዘመን የሚያመላክት ነው ብላችሁ ካሰባችሁ ተሳስታችኋል። በናኖቴክኖሎጂ ዘመን ይህ ኋላ ቀር አሠራር ነው።

የናኖቴክኖሎጂ ዘመን በጣም የተለየ ነው። ከላይ ያሉት ቀልጣፋ አሠራሮች የኢንደስትሪያዊ ቴክኖሎጂን ያጠናከሩት

የኤሌክትሮኒክስና የአቶም ዘመን ያስገኙዋቸው ቅልጥፍናዎች ናቸው። አሁን አዲስ ዓለም እየመጣ ነው የምለዎት አዲስ በተገኘ ቴክኖሎጂ ምክንያት እየመጣ ያለውን ነው። ናኖቴክኖሎጂና 3ዲ ዲጂታል ሕትመት ይባላል።

3ዲ ዲጂታል ከኮምፒየተር ቴክኖሎጂ መራቀቅ እንዲያውም አዲስ አብዮት ሊባል የሚችል ነው። ቀደም ሲል የጣሊያን ጫማ ለመጫመት ብትፈልጉ ጫማው ከጣሊያን መምጣት አለበት ካለዚያም የጣሊያኑ ኩባንያ ማምረቻውን አምጥቶ ጥሬ ዕቃዎች ላይ እሴት ጨምሮና አደባልቆ ከዚሁ ከአገራችን ተመሳሳዩን ማምረት አለበት። ጥሬ ዕቃና የማምረቻ መሳሪያው አስፈላጊና ካለነዚህም ማምረት የማይቻል ነው።

በ3ዲ አመራረት በጣም የተለየ ነው። ጥሬ ዕቃ የምንለው አያስፈልገውም። ስጋ ለማምረት ከብት፣ ዶሮ፣ አሳማ ማርባት ወይም አደን መሄድ ሳያስፈልግ በናኖቴክኖሎጂ በማተም ታመርቱታላችሁ። በላቦራቶር ያደገ ሥጋን ጠብሰው ስለጣዕሙ የተናገሩ ሠዎችን በቴሌቪዥን ባትመለከቱ ኑሮ ቅዠታም ሰው ያወራው ይመስላችሁ ነበር። ይህንን ከዜና አውታሮች ያልሰማችሁ ሰዎች አነጋገሬ የቅዠት እንደሚመስላችሁ አልጠራጠርም። እንደዚህ ዓይነት መከራከሪያዎችን አእምሮአችሁ ሊያብሰለስል ይችላል።

- እንዴት ስጋ ከእንሳሳት ሳይሆን በላቦራቶሪ ይሠራል?
- እንዴት ብሎ በኮምፒዩተር ፕሮግራም በሚመራ የ3ዲ ሕትመት የተገጣጠመ ድልድይ ሊሠራ ይችላል?

ከጣሊያን አገር ያለው ኩባንያ በኮምፒተር ዲዛይናቸውን የሠራላቸው ጫማዎች በኢንተርኔት በኩል ወደየአካባቢው ተልከው በየአካባቢው ባሉ የጫማ ማተሚያዎች ታትመው ለተጠቃሚው በፖስታ ወይም በአውቶኮፕተር ሊደርሱ ይችላሉ። ቅንጦት የሚወዱ ከሆነም በቤትዎ ውስጥ ሊያትሙት ይችላሉ። ይኸኛውንም በዚህ ዓይነት ሕትመት የታተመ (የተሠራ) ጫማ ተጫምታ በቢቢሲ ቃለ መጠይቅ ሲደረግላት

የነበረችውን ሥራ ፈጣሪ እመቤት ባትመለከቱ ኖሮ ማመን ያዳግታችሁ ነበር።

እንደላይኛው ካሰባችሁ ሳታጋንን አጫውተን ልትሉኝ ትችላላችሁ። እንኳን መጽሐፉን አጥፉችሁ ያልወረወራችሁት። ሳታጋንን አውራን ካላችሁኝ እሺ።

ስለ ስጋውም፣ ስለጫማውም፣ ስለ ድልድዩም የነገርኳችሁ ሊሠራ እንደሚችል በሙከራ ተረጋግጧል።ጊዜው ሲደርስ የዚህ ዓይነቱ የማተም ማምረት በየአካባቢው ዋና ሥልተ ምርት ሆኖ ይወጣል ለማለት ነው የምንደረደረው። በሙከራ ቢሠሩም በገበያ ላይ ግን አልዋሉም። ሥጋውም በሙከራ ደረጃ ተቀምሷል። በሙከራ ደረጃ የመኪና መለዋወጫዎችም በ3ዲ ቴክኖሎጂ በአንድ ቦታ ዲዛይን የተደረጉት በሌላ ቦታ በፕሪንተር ተሠርተው ወጥተዋል። በሙከራ ደረጃ ከሆነ የሰውም ልብ በ3ዲ ቴክኖሎጂ ተሠርቶ ወጥቷል። መጭው አዲሱ ዓለም በዚህ ዓይነት ቴክኖሎጂ ላይ መመሥረቱ ማኅበራዊና ፖለቲካዊ ኢኮኖሚያችንን እንዴት እንደሚለውጠው አስቡት።

አዳዲስ አሠራሮችን ለመረዳት አሁን ያለንበት ዘመን የመጀመሪያውን አውሮፕላን ያበረሩት ወንድማማቾች ከነበሩበት ዘመን የተሻለ ነው። ሁለቱ ወንድማማቾች አንድ ሰው የምትይዝ አውሮፕላን ለመጀመሪያ ጊዜ ሠርተው ሲበሩ ወደፊት አውሮፕላን በመቶዎች የሚቆጠሩ ሰዎችን አሳፍሮ ይጓዛል። ከድምጽ በፈጠነ የሚበሩ አውሮፕላኖች ይኖራሉ ብሎ የተነበየን ሥራ ፈት፣ የማይመስል ነገር ቀባጣሪ ተደርጎ ይወሰድ ነበር። የዚህ ዓይነቱ አባባል ሳይንሳዊ ልቦለድ የሚል ቅጽል ተሰጥቶት ነበር። በዛሬው ዘመን ስጋን በላቦራቶሪ መሥራት ይቻላል የሚለውን በመገናኛ ብዙሃን በተሻለ በማስረዳት ለማሳመን ይቻላል። ብዙዎቻችን በዚህ ዓይነት የተመረተን (የታተመን) ስጋ ሰዎች ለቅምሻ ሲበሉ የተመለከትነው በቴሌቪዥን ነው።

አዲሱ የ3ዲ ቴክኖሎጂ ፋብሪካዎች ውስጥ ሸቀጥ በጥራትና በብዛት ለማምረት መዋሉ እየቀረ ወደ ግል ቤቶች በመግባት

ምርት በ3ዲ ሕትመት በየቤቱ የሚመርት መሆኑ በቀጣዩቹ አስር ዓመታት በሥራ ላይ ይውላል። ከአዲሱ ለውጥ ጋር መራመድና አለመራመድ ምን ማለት ይመስላችኋል??

አንተ ንገረን ካላችሁኝ ላጫውታችሁ።

በመኪና ማጓጓዝ በተጀመረበት ጊዜ መኪና ከመግዛት በጋሪ እቃ ማጓጓዝ የበለጠ ነው ብሎ እንደሚከራከሩ ጋሪ ነጅ መሆን ነው። ባጃጅ ሲመጣ ጋሪውን ሸጦ ባጃጅ ያልገዛ ነጋዴ መሆን ነው።

አሁን የሥልጣኔ ምልክት የምንላቸው ትላልቅ የዕቃ ማጓጓዣ መርከቦች፣ ግዙፍ አውሮፕላኖች፣ ሰፋፊ አውራ ጎዳናዎችና የባቡር መስመሮች ሁሉም ምርቶች በየቤቱና በየአካባቢው በ3ዲ ሕትመት በሚመረቱበት ሁኔታ ምን ጥቅም ይኖራቸዋል ብላችሁ አስቡ። በእርግጥ የምንፈልጋቸው ነገሮች ሁሉ፣ በየትም ዓለም ደረጃቸው ተመሳሳይ ሆኖ በየቤታችንና አከባቢያችን በኮምፒዩተሮች መሃከል በሚኖር መናበብ ከተመረቱ፣ ከውጭ ተጓጉዘው እንዲመጡ አያስፈልግም። የዕቃ ማጓጓዛ ባቡሮች፣ መርከቦች፣ አውሮፕላኖች፣ የጭነት መኪናዎች ወደፊት እንደሚቀሩ ታያችሁ??? አሁን አስፈላጊ የሚመስለን በአዲስ ቴክኖሎጂና አሠራር ዘመን አስፈላጊነቱ ይቀራል። በጥንት ወላጆቻችን ዘመን የሆነውም ይህ ነው። በበቅሎና በፈረስ መጓጓዝ በኢንደስትሪ አብዮት የተነሳ መኪና ሲፈበረክ ቀሪ ሆነ። ለቅንጦት ካልሆነ በቀር በበቅሎና በፈረስ መጓጓዝ በቀረበት ዓለም አሁንም በአገራችን ይህን እየተጠቀምን እንገኛለን።

የወደፊቱ የሰው ልጅ መጓጓዣ የሚሆነው ተብሎ የሚገመተው አሁን በሥራ ላይ ውለው በአካባቢ የሚመረቱ ዕቃዎችን ከቤት ቤት ለማጓጓዝ ሊጠቅሙ ይችላሉ የተባሉት ኦቶኮፕተርስ ናቸው። ከአራዳ የምታመርቱትን ዕቃ ቦሌ ከሚገኝ ደንበኛችሁ ቤት ኦቶኮፕተሩ ላይ ጭናችሁ የመንገዱን አቅጣጫና የሚያርፍበትን ቦታ በኮምፒዩተር ፕሮግራም አስተካክላችሁ ትልካላችሁ። ደንበኛችሁ ኦቶኮፕተሩ ከበራፉ ያስቀመጠለትን ዕቃ ይረከባል። ይህን አሠራር ለመተገበር

አማዞን ፈቃድ ጠይቋል። ወደፊት የሰው ልጅም ሰውን በሚያሳፍሩ አቶኮፕተሮች ይጓጓዛል ተብሎ ይገመታል።

አሁን ብልጭ ሳይልላችሁ አይቀርም። መርከቦች፣ ባቡሮች፣ መኪናዎች፣ አውሮፕላኖች ብቻ ሳይሆኑ አስፋልት ጎዳናዎች፣ የባቡር ሃዲዶች ሁሉ አስፈላጊ የማይሆኑበት ዘመን እንደርሳለን። እንደርሳለን የሚለው ቃል ዘመኑን ሩቅ እንዳያስመስለው። በአሥርት ዓመታት ውስጥ ማለት ነው። ወጣቶች ከሆናችሁ በናንተውና በልጆቻችሁ ዘመን ማለት ነው።

ይህ እንዴት ነው የሚሆነው???

ባለፉት መቶ ሃምሣ ዓመታት ዓለም ትላልቅ ሽግግሮች አድርጋለች። የኢንዱስትሪ አብዮት የሚሉት በፋብሪካ ማምረት ያስከተለው ነበር። ዳቦ በግል ማዕድ ቤት የሚጋገር ሳይሆን ወደ ዳቦ ማምረቻና ማከፋፈያ ተቀየረ። ጉዞ በእግርና በጋሪ የነበረው በመኪና መምጣት በሰፋፊ አስፋልት በሆኑ መንገዶች ላይ ሆነ። በአንዱ አካባቢ የሚመረቱ ምርቶችን ወደ ሌላው ዓለም ለማጓጓዝ ባቡሮች፣ ትላልቅ መርከቦች፣ አውሮፕላኖች ሥራ ላይ ዋሉ። ኢንደስትሪያው አመራረትን ያቀላጠፊው የኮምፒዩተር ቴክኖሎጂ ደግሞ ይህንን ሁኔታ አፋጠነው፣ አቀላጠፈው። የአቶሚክ ኃይል ድንጋይ ከሰልንና አብዛኛውን የውሃ ግድብ ኤሌክትሪክ ማመንጫዎችን የሚፎካከር ሆነ።

ይህ ጥያቄ የሚመለሰው ከኢንደስትሪ አብዮት ወደ ኮምዩተር አብዮት የተደረጉ ሽግግሮች ያመጡትን ለውጥ በማጤን ነው። የኢንደስርትሪ አብዮት በ150 ዓመታት ከዚህ ቀደም ዓለም በሺ ዘመናት ያልደረሰችበትን የማምረት፣ ማከፋፈልና ማጓጓዝ ሥራን ማስገኘት ቻለ። የኮምፒዩተር ዘመን ደግሞ የኢንደስትሪ አብዮት በመቶ ሃምሳ ዓመት ያሰገኘውን ለውጥ በአስርት ዓመታት እጥፍ የሆነ የማምረት፣ ማጓጓዝና ማከፋፈል አስቻለ። በናኖቴክኖሎጂ ላይ የተመሠረተው አዲስ ዓለም ቀደምት አብዮቶች ያስገኙትን በጥቂት ዓመታት ውስጥ ያሳካዋል ተብሎ ይታሰባል። ኢንዱስትሪ አብዮት ዓለም በሺ ዘመናት ያላየችውን ለውጥ

በመቶ ዓመት ከሥር ከመሠረቱ ለወጠው። የአቶሚክና ኮምፒዩተር ዘመን ኢንደስትሪያዊ ቴክኖሎጂን በማጠናከር ምርታማነትን በጣም ከፍ ለማድረግ አሥርት ዓመታት ብቻ ፈጀበት።

ናኖቴክኖሎጂና 3ዲ ፕሪንቲንግ በጥቂት ዓመታት ውስጥ ዓለምን እስከዛሬ ታይቶ በማይታወቅ መንገድና ፍጥነት ከኢንድስትሪ ፋብሪካ ሸቀጥ ምርት አውጥተው ምርት በያንዳንዱ ቤት የሚመረትና ይህንንም ተከትሎ በማህበራዊና ፖለቲካዊ ሕይወት ለውጥ ያመጣሉ።

ይህ መጽሐፍ የተመሠረተው ቴክኖሎጂ የሕብረተሰብን የሥራ አደረጃጀት፣ ማህበራዊ አደረጃጀትና ፖለቲካዊ አመለካከቱን ይወስናል በሚለው መርህ ነው። የቴክኖሎጂ ወሳኝነት የሚለውን ቃል በመጀመሪያ የተጠቀመበት Thortein Veblen (1857-1929) አሜሪካዊው ሶሲዮሎጅስትና ኢኮኖሚስት ሲሆን ጽንሰ ሐሳቡን ያስተነተነው ግን ካርል ማርክስ ነው።

አዲሱ የናኖቴክኖሎጂ የኢንደስትሪያዊ ቴክኖሎጂ ቅጥል ወይም የኢንደስትሪያዊ ቴክኖሎጂን አጠናክሮ የሚያስቀጥል አይሆንም። 3ዲ ሕትመት የሸቀጥ ማምረቻ ፋብሪካዎችን የሚዘጋ ነው። ይልቁንስ ካለይ እንደተገለጸው የማምረቻ ቦታን ከፋብሪካ ወደየአንዳንዱ ቤተሰብ ቤትና ኮሙኒቲ የሚቀይር ነው። የአዲስ ዘመን ቴክኖሎጂ ነው። የኤሌክትሮኒክስና አቶሚክ ቴክኖሎጂዎች የኢንደስትሪያዊ ቴክኖሎጅን ያጠናከሩ ነበሩ። ካፒታሊዝምና ሶሻሊዝም ብለን የምናውቃቸው የኢንደስትሪያዊ ቴክኖሎጂ ውጤቶች ነበሩ። ከናኖቴክኖሎጂ ማደግና መዳረስ አዲስ የሥራ አደረጃጀትና ማህበራዊ አወቃቀር ይሰፍናል።

መቼ ነው ይህ የሚሆነው???

አዲስ ዓለም ከፊለፊታችን ይታያል። በዚህ ጊዜ ወደ አዲሱ ዓለም የሚያመራውን መንገድ በመከተል ሽግግሩን ሰላማዊና ካለ ውጣ ውረድ እንዲሆን ልንረዳ እንችላለን።

የቴክኖሎጂ ወሳኝነት እንደምርምር ዘዴም የሚያንሰራራበት ዘመን እየመጣ ነው።

ቀጣዩ ምዕራፍ ስለ ናኖቴክኖሎጂ ገጽታዎችና ጽንሰ ሐሳቦች አጭር ማብራሪያ ይሠጣል።

2. ናኖስልተምርት፣ ናኖቴክኖሎጂ፣ 3ዲ ፕሪንቲንግ፣ ናኖቁስና ናኖክሪስታል ምንድን ናቸው?

በአንድ ዘመን ላይ ሰዎች የሚጠቀሙበት ቴክኖሎጂ የሥራና ማህበራዊ አደረጃጀታቸውን ይወስናል። የኢንድስትሪ ቴክኖሎጂ ዓለም ባለፈው ምዕተ ዓመት ያየችውን የሥራና የማህበራዊ አደረጃጀቶች ፈጥሯል። በአሁኑ ዘመን አዲስ ቴክኖሎጂ እየመጣ ነው። ይህ አዲስ ቴክኖሎጂ፣ ናኖቴክኖሎጂ ተብሎ ይታወቃል። የሰዎችን የሥራና ማህበራዊ አደረጃጀት ከሥር ከመሠረቱ ይለውጠዋል። የኢንደስትሪ ቴክኖሎጂ ቀዳሚውን ሕብረተሰብ እንደለወጠው ማለት ነው።

የኢንደስትሪ ቴክኖሎጂ ያስገኘውን የሥራና ማህበራዊ አደረጃት የኢንደስትሪ ስልተምርት (የካፒታሊዝምና የሶሻሊዝም ስልተምርት) እንለዋለን። በኢንደስትሪ ቴክኖሎጂ ላይ ተመስርተው ሶሻሊስትና ሊበራሊስት የሥራና ማህበራዊ አደረጃጀት ለመፍጠር የሞከሩትንና እየሞከሩ ያሉትን ኒዮሊበራሊዝምና ኒዮሶሻሊዝም ልንላቸው እንችላለን።

ናኖስልተምርት የኢንደስትሪያዊ ስለተምርትን (ኒዮሶሻሊዝምና ኒዮሊበራሊዝምን ጨምሮ) የሚተካ አዲስ የአመራረትና አደረጃጀት ማህበረዊ ግኙኝነት ነው። ኢንደስትሪያዊ ስልተምርት በኢንዱስትሪ ፍብረካ ሸቀጦችን የማምረት ሥርዓት ሲሆን በናኖ ስልተምርት በናኖክሪስታልና በናኖቁስ ምርቶችን በኢንደስትሪ ሳይሆን፣ በየአካባቢው፣ በየቤቱ ማምረትን በማስቻል የኢንደስትሪ ሕብረተሰብ

(ካፒታሊዝምና ሶሻሊዝም) መገለጫ የሚባለውን የኢንዱስትሪ ፍብረካ አመራረት በማስቀረት ማህበራዊ ግኑኝነትን ወደ ከፍተኛ ደረጃ ማሸጋገር ነው።

የናኖ ስልተምርት መገለጫዎች የሚከተሉት ናቸው። እነሱም፤

- ናኖቴክኖሎጂ
- ናኖክሪስታልና ናኖቁስ
- 3ዲ ሕትመት

ናቸው።

ከሩሲያ አብዮት ቀደም ባሉት ዘመናት የአውሮፓ ሶሻሊዝምና ሊበራሊዝም የአውሮፓ ርዕዮት ምሰሶዎች፣ የሥርዓቱ ተደጋጋፊ መስተጋብሮች፣ ተብለው ይወሰዱ ነበር። በድህረ ሩሲያ አብዮት ሶቪዬት ሕብረት የሶሻሊዝም፣ ምዕራብ አውሮፓና አሜሪካ የሊበራሊዝም አቀንቃኞች ተብለው ተወስደዋል። ይህም የሆነው በኢንደስትሪ ቴክኖሎጂ የሚመረተው ምርት በሶቪዬት ሕብረት ለገበያ ሳይሆን የሰፊውን ሕዝብ ፍላጎት ለማርካት በመመረቱ የሶቪዬት ሕብረት ስልተምርት ከካፒታሊስቱ ሥልተ ምርት የተለዩ ነው የሚለውን ግንዛቤ በመውሰድ ነበር። ከዚህ ይልቅ ሁለቱም የኢንደስትሪ ስልተምርቱ ገጽታዎች ናቸው ማለት ይሻላል። ምክንያቱም ካፒታሊዝምና ሶሻሊዝም ብለን የምናውቃቸው የቴክኖሎጂ መሠረታቸው ኢንደስትሪያዊ ቴክኖሎጂ ስለሆነ ነው።

ከሁለተኛው የዓለም ጦርነት በኋላ ካፒታሊስቱ ሕብረተሰብ በሶሻሊዝም አቀንቃኝ የሠራተኛ ማሕበራትና በሶቪዬት ሕብረት ግፊት የሊበራሊዝም መርህን በሶሻሊስት መርህ ሲያለሳልስ ታይቷል። የቻይናም ኮሙኒዝም የሶሻሊዝም መርህን በሊበራል የገበያ መርህ በማለሳለስ ሸቀጥ ለዓለም ገበያ እንዲመረት ከማድረጉም በላይ ካፒታሊስት ባለሃብቶች እንዲያቆጠቁጡ አድርጓል። ይህም በኢንዱስትሪ የሸቀጥ ፍብረካ ላይ የቆሙ በምዕራቡ ዓለም ኒዮሊበራሊዝም

በምሥራቁ በኒዮሶሻሊዝም ሥርዓት ላይ የቆሙ ቅይጦችን አስገኝቷል።

ናኖቴክኖሎጂ ግን በኢንደስትሪ መፈብረክ ሥርዓትን አስቀርቶ በየአካባቢውና በየቤቱ ምርት የሚታተም ስለሚያደርግ በኢንደስትሪ ላይ በተመሠረተ የካፒታሊስ ሕብረተሰብ ያያነውን (ኒዮሶሻሊዝምን ሆነ ኒዮሊበራሊዝም) ያስቀረዋል።

ይህን አዲስ ቴክኖሎጂ በደንብ ለመረዳት ጽንሰ ሐሳቦቹን መረዳት ያስፈልጋል። የናኖ ስልተምርት የተመሠረተባቸው ናኖቴክኖሎጂ፣ ናኖቁስና 3ዲ ሕትመት በጽንሰ ሐሳብ ደረጃ እንደሚከተለው ይገለጻሉ።

ናኖቴክኖሎጂ፣ ይህ ቁሳቁስ ወይም መሣሪያን እጅግ በጣም ጥቃቅን አድርጎ የመፍጠር ዘዴ ነው። እጅግ በጣም ጥቃቅን ማለት ከሰው ልጅ አንዲት ቅንጣት ጸጉር ሃምሳ ሺ ያህል ያነሰ ማለት ነው። በዚህ ደረጃ ጥቃቅን የሆኑ ነገሮች በሴንቲ ሜትር መለካት አይቻልም። በማጉያ መነጽር በመረዳት ካልሆነ በሌጣ ዓይን ማዬት አይቻልም። አንድ ናኖሜትር የአንድ ሜትር አንድ ቢሊዮን እጅ ያነሰ ማለት ነው።

ናኖሜትር፣ የአንድ ሜትር አንድ ቢሊዮን እጅ ያነሰ። አንድ ናኖሚትር=.000000001 ሜትር ነው። ልኬቱም ከ1እስከ 100 ናኖ ሜትር ነው።

ናኖቁስ (nano particle)፣ ከማይክሮ ሜትር ያነሱ ከ1እስከ 100 ናኖ ሚትር የሆኑ ቁሶች። ልም ናኖቁሳቁስ ከ100 እስከ 2500 ናኖሚትር ሲሆኑ ግርድፍ ናኖቁሶች ደግሞ ከ2500 እስከ 10000 ናኖ ሜትር ውስጥ ያሉ ናቸው።

ለምሳሌ ያህል የሰው ልጅ ህዋስ ከ5,000 እስከ 20,000 ናኖሚትር ሲሆን ከናኖስኬል የተለቁ ናቸው ማለት ነው። ይህም ቢሆን ግን የሰው ልጅ ህዋስ የተሠራው

ከፕሮቲን ስለሆነ የሴሉን ሥራ የሚከውኑት ከ 3 እስከ 20 ናኖሜትር ስለሆኑ የናኖስኬል ውስጥ ይወድቃሉ። ለምሳሌ ወርቅን ብንወስድ ወርቅ ከ100 ናኖ ሜትር በላይ ሲሆን ቢጫ ቀለም ሲኖረው በናኖሜትር ከ100 ያነሰ ስኬል ውስጥ ሲሆን የተለየ ቀለም ሰማያዊ፣ አረንጓዴባ ቀይ ቀለም ይኖረዋል። እነዚህ የወርቅ ናኖክሪስታል ይባላሉ።

ናኖክሪስታል፤ ከ100 ናኖሚትር ሌላው ቢቀር በ1 ያነስ ናኖቁስ ሲሆን ነጠላ ወይ ብዝህ የሆነ የክሪስታል አወቃቀር ካለቸው አቶሞች የተሠራ ነው።

3ዲ ሕትመት (ፕሪንቲንግ)፣ ይህ አንድን ዕቃ ንጣፍ በንጣፍ ላይ በመደራረብ የማምረት (የማተም) ዘዴ ነው። የአሜሪካው ተመራማሪ Feynman ሙሉው ኢንሳክሎፒዲያ ብሪታኒካ በአንዲት ስፒል ጫፍ ላይ ሊሠፍር እንደሚችልና የመላው የሰው ልጅ እውቀት በጥቃቅን በተጻፉ 35 ገጾች ውስጥ ሊሠፍር እንደሚችል ተናግሯል።

3ዲ ስካነር፤ ይህ አንድን ቁስ ወይም አካል የ3ዲ ሞዴል ለማውጣት የሚያስችል ነው። የሞባይል ስልክ ቀፎዎች ይህንን አገልግሎት እያካተቱ ነው።

እንደዚህ ዓይነት አመራረት ዓለም አይታ ታውቃለች?? እንኳን ወላጆቻችን እናንተ ቀደም ብላችሁ አስባችሁት ታውቃላችሁ??? በእርግጥ አዲስ ዓለም ነው።

ይህ እንደዚህ ባለበት ሁኔታ አሁንም ዓለም በቀድሞው አሠራር ቀጥሏል። አሁንም መንገዶች ይገነባሉ። ባቡሮች ይዘረጋሉ። አውሮፕላኖች ይመረታሉ። የማምረቻ ፋብሪካዎች ይሠራሉ። የዶሮ እርባታ ከመንደር ወጥተው በፋብሪካ ደረጃ ይራባሉ፣ ይበለታሉ፣ ይኋኋዛሉ። አዎ ይህ መቀጠል አለበት። በኢንደስትሪ አብዮትም ፈረስና በቅሎ እያገለገሉ ነው ወደ መኪና መሸጋገር የተቸቻለው።

ይህ እውነታ ነው። ይህንን እውነታ ተንተርሶ ግን የሚቀጥለው ዘመንም እንደ ጥንቱ ይቀጥላል ብሎ ማሰብ ሞኝነት ነው። በአሁኑ ጊዜ የዚህ ለውጥ ሙሉ በሙሉ ዓለምን የሚያጥለቀልቀው ከጥቂት አሥርት ዓመታት በኋላ ነው ተብሎ ስለተተነበየ አርቀው የሚያስቡ ግለሰቦችና መንግሥታት ሁለቱንም ጎን ለጎን ያስኬዳሉ።

እስቲ አንድ ነገር ላጭርባችሁ። የተራቀቁት አገሮች ከፋብሪካ ምርት ይልቅ ወደ ኮምፒዩተር ሶፍትዌርና የመገናኛ መረብ ኩባንያዎች እያተኮሩ ሲሆን ለምን የፋብሪካ አመራረትን ለኋላቀር አገሮች ይተውታል? እያሰባችሁበት ቆዩ። ይህን መጽሐፍ አንብባችሁ ስትጨርሱ ምክንያቱን ትረዱታላችሁ።

የካፒታሊዝም (ኒዮሶሻሊዝምንና ኒዮሊበራሊዝምን ጨምሮ) ሥልተምርት መገለጫ የሆነው ሸቀጥ በናኖቴክኖሎጂ ተፈላጊነቱ እየቀነሰ ይሄዳል። ለሸቀጥ (ልውውጥ) የሚሆኑ ምርቶች በፊውዳሊዝም ሥልተ ምርት በጣም ጥቂት ሲሆኑ እንደ ጨው፣ እጣን፣ ከርቤ፣ ስጋጃ የመሳሰሉት ሲሆኑ የስልተምርቱ መገለጫዎች አልነበሩም። የስልተምርቱ መገለጫ እያንዳንዱ አካባቢ ለራሱ ፍጆታ የሚሆነውን የእርሻና የከብት እርባታዎች፣ ሽመና የሚያመርትበት ነበር። በካፒታሊስቱ ሥርዓት በመሣሪያ የሚመረቱ ምርቶች ለገበያ ፣ ለሸቀጥነት፣ በፋብሪካዎች ውስጥ ተመርተው በገበያ ውስጥ ይበተናሉ። የካፒታሊስቱ ሥልተ ምርት መገለጫዎች ናቸው።

ቀደም ሲል እንደተመለከትነው በናኖ ስልተምርት በሕትመት የሚወጡ ምርቶች (ከናኖ ቁስና ናኖ ክሪስታል) በአካባቢው ተመርተው ለአካባቢው የሚውሉ ሲሆን ለልውውጥ የሚመረቱትም በአካባቢው የታጠረ በመሆኑ የካፒታሊስት ስልተምርት የምናውቀው ሸቀጥ ባሕሪ የላቸውም። በካፒታሊስቱ ሥርዓት ሸቀጥ ዓለምአቀፋዊ ባሕርይ ሲይዝ በናኖ ስልተምርት ዓለም አቀፋዊነት የመረጃ መረብና የንብረት ባለቤትነትና የሃሳብ ልውውጥ ሁሉበኩሌ መሆኑ ነው።

ስለዚህ የናኖ ስለተምርትን ለመረዳት ሰፊ ልቦና፣ አርቆ አሳቢነትና እስካሁን በዓለም ላይ የመጡ ለውጦችንና አቀባበላቸው አሁን በኛ ዘመን ናኖቴክኖሎጂ የሚያስከትለው ለውጥ ለመተንበይ እንሚያስቸግረን በዚያም ዘመን ተመሳሳይ እንደነበር ማጤኑ ጥሩ ነው። ቀጣዩ ምዕራፍ ለውጥን በመተንበይና በመቀበል ረገድ ያለፉት ዘመናት ትውልድ ያለፈበትን ልምድ እንመለከታለን።

3. ለውጥን መተንበይና መቀበል

ባሮስ ኮልቶን የሚባል ጸሐፊ፣ የሁለተኛው የዓለም ጦርነት እንዳለቀ፣ ማለትም የዛሬ 70 ዓመት፣ በሪደር ዳይጀስት ላይ "የነገው አዲስ ዓለም" በሚል ርዕስ በዚያን ጊዜ በወታደራዊ አገልግሎት የታዩት የአውቶሚክ ኃይል፣ የሬዲዮ መገናኛና ቴሌቪዥን ወደፊት በዓለም ላይ የሚያስከትሉትን ለውጦች ቀድሞ ለማየት ሞክሮ ነበር። አዲስ ቴክኖሎጂ አዲስ ማህበራዊ ግኑኝነትና አዲስ ነገር እንደሚፈጥር ግንዛቤ የነበረው ሰው ነበር።

በሁለተኛው የዓለም ጦርነት በሥራ የዋሉት አውቶሚክ ሃይል፣ የሬዲዮ መገናኛና ቴሌቪዥን ላይ በመመሥረት ያደረገውን ትንበያ ባጭሩ ላቀርብላችሁ። በዘመናችሁ የምታዩትን እሱ የዛሬ 70 ዓመት ከተነበየው ጋር እንድታነጻጽሩና ናኖቴክኖሎጂ ምን ሊያመጣ እንደሚችል ለመተንበይ እንድትሞክሩ በማሰብ ያደረኩት ነው። የባሮስ ኮልቶን ትዝብቶችና ትንበያዎች እንደሚከተሉት ያሉ የራሱና ከሌሎች ሰዎች ትንበያዎች ላይ የተመሠረቱ ነበሩ።

- አንድ የሮኬት ባለሙያ ሮኬት በመጭው ዘመን አትላንቲክን አቋርጦ በአጭር ጊዜ ፖስታ ለመላክ ሊያገለግል ይችላል ሲል አጫወተኝ ብሎ ይለናል። በአሁኑ ዘመን ፖስታ በኢንተርኔት የሚላክ ኢሜይል ሆኗል። አንዳንድ ነገሮች በአንድ ዘመን ላይ ሆነን እየተጠራጠርን ከምንተነብየው በላይም ይሄዳሉ።

- ሰውዬው በሁለተኛው ዓለም ጦርነት ማብቂያ ላይ ሆኖ ከሁሉ የሚያስደንቀው የአቶም ኃይል መሆኑን ይነግረናል። አንዲት ቅጫም ኒዩትሮን የዩራኒየም አተምን ስትተኩሰው ለሁለት ተከፍሎ ሌሎች

ኒዩትሮኖች ይወጡና እነሱም ሌሎች የዩራኒየም አተሞችን ይተኩሳሉ። በዚህ ዓይነት ሠንሠለት ድግምግሞሽ የአቶም ቦንብ ፍንዳታ ይከተላል። የአቶም ኃይልን ከጦርነት ሌላ በወደፊቱ ዓለም ኃይል ለማመንጨት የድንጋይ ከሰል፣ ቤንዚን፣ የውሃ ግድብ ሃይልን መተካት ይቻል ይሆናል ሲል ይተነብያል። ይህ ሆኖ ያየነው ሲሆን በናኖቴክኖሎጂ ደግሞ ከአንድ ብርጭቆ ውሃ አንድን የቤተሰብን መንደር የኤሌክትሪክ አገልግሎት ለመስጠት ያስችላል የሚለውን የአሁኑን ዘመን ትንበያ እስቲ አጣጥሙት።

- በጦርነቱ የተሠሩ አንዳንድ ወታደራዊ ነገሮች አሁንም በሥራ ላይ ሊውሉ የሚችሉ አሉ ይለናል የዛሬ ሰባ ዓመት። አንድ የአየር መንገድ ኤንጂኒር እንዳጫወተው ጦርነቱ ባለቀ በአምስት ዓመታት ውስጥ ከ30 እስከ 35 ሰዓታት ከአንዱ የዓለም ክፍል ወደ ሌላው ዓለም ክፍል በጣም በፍጥነት በሮ ለመድረስ የሚቻል ይመስላል ብሎታል። በኢትዮጵያ አየር መንገድ ከአዲስ አበባ ዋሽንግተን ለመብረር የሚፈጅባችሁን ሰዓት አስቡትና ምን ያህል የዛሬ 70 ዓመት የተደረገ ትንበያ ቁጥብ እንደነበር ተመልከቱ።

- ከዶክተር ቤከር፣ የዛን ጊዜው የጀነራል ኤሌክትሪክ ባልደረባ እንደሰማው ደግሞ፣ ሬዲዮ ከጦርነቱ በኋላ ትልቅ ሚና ይኖረዋል። አጭር ሞገድ ወቅታዊ ዜናዎች፣ ባሕል፣ የሰዎች አስተሳሰብ ከዓለም ሕዝብ ጋር ለመጋራት ያስችላል ብሎ ይተነብያል። የዛሬውን የሆሊውድ፣ ቦሊውድ ኢትዮውድ አስቡትና ምን ያህል ቁጥብ ትንበያ እንደሆነ አስትውሉ።

- አንድ የቤት እመቤት በሱቅ እየተዘዋወረች የምትፈልገውን እቃ ከመምረጥ በቴሌቪዥን ማስታወቂያ አይታው የምትገዛበት ዓለም ሊሆን ይችላል ሲልም የዛሬ ሰባ ዓመት ተንብዩዋል።

ቴሌቪዥን የሳሎን ወንበሮችን አቀማመጥ በመቀየር ሁሉም ወንበሮች ላይ የተቀመጡት የቴሌቪዥኑ ስክሪን ለማየት እንደሚችሉ ሆኖ የሚስተካከልበት ዘመን ሊመጣ ይችላል ሲል ገምቷል።

- ዲዲቲ በትሮፒካል አካባቢዎች ተባዮችና በሽታ የሚያስከትሉ በራሪዎችን ሙሉ በሙሉ ያጠፋል ተብሎ ይገመታል ሲልም ተንብዩዋል።

አሁን ላይ ሆናችሁ ይህን ዓይነቱን ትንበያ ስታመዛዝኑት ፈገግ ሊያሰኛችሁ ይችላል። በኢንተርኔት የፖስታ መልዕክታችሁን (e-mail) በትንሽ ሰኬንዶች ውስጥ ወደዬትኛውም ዓለም ማድረስ ትችላላችሁ። የቴሌቪዥን ማስታወቂያ ይልቅ ማንኛውንም ዕቃ በኢንተርኔት አይታችሁ መርምራችሁ ከቤታችሁ ቁጭ ብላችሁ ለማዘዝ ትችላላችሁ። ከአንዱ ዓለም ጫፍ ወደ ሌላው በከፍተኛ ፍጥነትና ድሎት ሊጓጓዙ ይችላሉ። ስለ ዲዲቲ መርጨትና በሽታ አስከታይ ተውሳኮችን የማጥፋቱ ህልም አልተሳካም።

የናኖቴክኖሎጂ በመጭዎቹ አስርት ዓመታት የሚያስከትለው ለውጥ አሁን ከምንተነብየውና ከምናልመው በጣም የዘለለ ይሆናል።

በናኖክሪስታልና ናኖቁስ የሚታተሙበት (የሚመረቱበት) ዓለምን በካፒታሊዝም ስልተምርት ለመምራት መሞከር የሚያመጣውን አሳዛኝ ሁኔታ ተመልክተን ከዚያም መፍትሔውን ከመሠንዘራችን በፊት ዓለም በሁለተኛው ዓለም ጦርነት መባቻ የአቶሚክ፣ የሬዲዮና የቴሌቪዥን ቴክኖሎጂዎች ያመጡት ለውጥ በምን ሁኔታ ወደ ጥሩ መንገድ እንደተመራ እንመልከት።

በሁለተኛው የዓለም ጦርነት ወቅት የተፈጠሩት የኤሌክትሮኒክስና አቶም ግኝቶች በሰላሙ ወቅት በጦርነት የፈረሰውን ለመገንባት፤ ለጦርነት ጉዳይ የተሠሩ ብዙ ሺ አውሮፕላን ማረፊያዎችን ለሲቪል አገልግሎት ለመቀየር፣

አዳዲስ ግኝቶችን ለሲቪል አገልግሎት ቀይሮ በማዋል ዓለማቀፋዊ ለውጥን ለማምጣት ረድተዋል።

ከሁለተኛው ዓለም ጦርነት ወቅት የተፈጠሩ ቴክኖሎጂዎች ሥራ ላይ አዋዋል የሚከተሉት ባሕርያት ነበረው።

- ለጦርነቱ የተዘጋጁ የነበሩ ብዙ ሺ አውሮፕላን ማረፊያዎችን፣ የባቡር መስመሮችን፣ አውሮፕላኖችን እና ማጓጓዣዎችን ለህብረተሰብ ጠቃሚ እንዲሆኑ በሲቪል ተቋምነት ማስቀጠል፣

- ለጦርነቱ ሥራ ላይ የዋሉ የሬዲዮና ምስል ማስተላለፊያና ሌሎች ኤሌክትሮኒክስ ውጤቶችን ለሲቪልና ለንግድ ማቀላጠፍ አገልግሎት መጠቀም፣

- ለጦርነት የሚውሉ የነበሩ የግንባታ መሣሪያዎችን እንዳሉና በማሻሻል የፈራረሱ ከተሞችን እንደገና መገንባትና ይበልጥ መሠረተ ልማቶችን ማስፋፋት፣

- የአቶሚክ ኃይልን ለኤሌክትሪክ ማመንጨት፣ ለህክምና ለሕዋው ምርምር ማዋል፣

- የኤሌክትሮኒክስ መገናኛዎችን ለሲቪል የመገናኛ አውታሮች ማዋል፣

- ከሥራ ለተፈናቀሉ ሰዎችና ከወታደርነት ለተቀነሱ ሰዎች ሥራ መፍጠር፣

አዳዲሰ ቴክኖሎጂዎቹ በአንዳንድ ሙያ የተሠማሩትን ከገበያ ቢያወጡም ለነዚሁ ሰዎች መልሰው ሌላ ሥራ የመፍጠር አቅም የተጎናጸፉ ነበሩ። ጋሪ ነጂዎች ታክሲ ነጂዎች እንደመሆን ያለ።

በአጠቃላይ የኤሌክትሮኒክስና አቶሚክ ኃይል አብዮት አብዛኛውን ሰው የሃብት ተቋዳሽ በማድረግ ወደ መሃከለኛ ገቢ

ያሳደገ ነበር። በዚህም ምክንያት ከሁለተኛው ዓለም ጦርነት በኋላ በሶሻሊስት ካምፑና በሊበራል ካምፑ መሃከል የነበረውን ግትኝነትም ለማዘብ ረድቷል። በሊበራሉ ዓለም የሶሻሊዝም እሴቶችን በሠራተኛ ማህበራት መጠናከር ማሕበራዊ ፍትሕ ድጋፍ እንዲያስገኝ ረዳ። በሶቪዬት ሕብረት በሚመራው የኒዮሶሻሊስት ካምፑ ግን የሊበራል የትርፋማነትና ምርታማነት ማደግን ከሶሽሊስቱ ሥርዓት ውስጥ ለማዛመድ አቃተው። ይህም በሶቪዬት ሕብረት የተገኘው ከፍተኛ የሳይንስና ቴክኖሎጂ እድገት የማሕበራዊ ቀውስን በማስከተል በመጨረሻም የሶቪዬት ሕብረትን መፍረስ አስከተለ። ይህ ዓይነቱ ሶሻዝምንና ሊበራሊዝምን አጣጥሞ ያለመራመድ ድክመት ከሶቪዬት ሕብረት መውደቅ በኋላ በኒዮሊበራሊዝም አሠራር እየታየ ነው። በኒዮሊበራሊዝም አቅጣጫ ብቻ በመራመድ የቀውስ ፍንጮች እየታዩ ነው።

የናኖቴክኖሎጂ ግኝት ቀስ በቀስ በከፊል ወደ ሥራ በሚገባበት በአሁኑ ጊዜ፣ የናኖቴክኖሎጂ ለሶሻሊዝም እሴቶች ደንታቢስ በመሆን የመፈብረክ አቅምን በማሳደጉ ላይ ብቻ አተኩሮ ሥራ ላይ መዋል በመጀመሩ ሃብት በጥቂት ሰዎች እጅ እንዲከማችና አብዛኛው ሕዝብ ሥራ አጥና ጎስቋላ እንዲሆን የማድረግ አዝማሚያ እያሳየ ነው። ባሁኑ ጊዜ በዓለም ላይ ያለው የኑሮ መራራቅ ሁሉም ማህበራዊ አብዮቶች በተነሱበት ዘመን የነበረውን የኑሮ መራራቅ የሚመስሉ ናቸው የሚሉ ተመራማሪዎች አሉ። አንድ ተመራማሪ አሁን በፈረንሳይ ያለው የኑሮ መራራቅ የፈረንሳይ አብዮት በፈነዳበት ወቅት ከነበረው የኑሮ መራራቅ ተመሳሳይ ነው ሲል ደምድሟል። የኖቤል ተሸላሚው Stigliz በአሜሪካ ውስጥ 40 በመቶው ሕዝብ ያለውን ሃብት ያህል የዎልማርት ንግድ ድርጅት ቤተሰቦች ካላቸው ሃብት እኩል ነው ይላል።

በዚህ ምክንያት ለውጥን መተንበይና ለውጥን መቀበል ለየቅል መሆናቸውን ማስተዋል ይገባል። በሁለተኛው የዓለም ጦርነት ወቅት የተፈጠሩ የአቶምና ኤሌክትሮኒክስ እውቀቶች ለማህበረሰብ አገልግሎት ሲውሉ የነበረው ሁኔታና አሁን የናኖቴክኖሎጂ እውቀት ሲተገበር ያለንበት ሁኔታ ሶቪዬት

ሕብረት የሊበራሊዝም እሴቶችን ሳታካትት ለማደግ በመመከሩዋ ውድቀት ቢደርስባትም በተመሳሳይ ኒዮሊበራሊዝም የሶሻሊስት እሴቶችን ሳያካትት ለማደግ ብዙ ለመጓዝ ሲፍጨረጨር ይታያል። ይህንን የሶሻሊዝምና ሊበራሊዝም ተመጋጋቢነት በመንግሥታትና ግለሰብ ደረጃ በደንብ ካላጤነውና ተገቢውን ማስተካከያ በመመካከር ካላደረግን ዓለምአቀፋዊ የማህበራዊ አብዮት ሊያስከትል ይችላል።

የናኖቴክኖሎጂ አብዮት ገና በማኮብኮቢያው ወቅት፣ በአሁን ጊዜ በመጠኑም ቢሆን በሥራ ላይ እየዋለ ያለው፣ የሕዝብ ቁጥር እየጨመረ፣ የሠራተኛ ማኅበራት በድህረ ቀዝቃዛ ጦርነት በተዳከሙበት፣ የኒዮሊበራል የኢኮኖሚ ሥርዓት በአውሮፓና እንዲሁም የኒዮሶሻሊዝም ሥርዓት በቻይና በሰፈነበት ሁኔታ ነው። ውጤቱም እየሆነ ያለው እንደሚከተለው ነው።

- በኮምፒዩተር የተረዱ የቢሮ አደረጃጀቶች የሲቪል ሠራተኛ ቅነሳ።
- የፋብሪካዎች ኮምፒዩተራይዝድ አመራረትና ሮቦት አጠቃቀም የሠራተኛ ቅነሳ ወይም የመቅጠር ፍላጎትን መቀነስ።
- የመዋቅር ማጠፍና ማህበራዊ አገልግሎቶችን ማጠፍ።
- የእውቀት ዓለማቀፋዊነትና ሁሉን አቀፍነት እየበረታ መሄድና በዚህ የታጠቁ ሰዎች የሃይማኖትና የዘር ጽንፈኝነት መነሳሳት።
- ሁለቱ የአውሮፓ ስልጣኔ ምሰሶ ይባሉ የነበሩት ሶሻሊዝምና ሊበራሊዝም ዕይታዎች እየተቀራረቡ ይሄዳሉ ሲባል የኒዮሊበራሊዝምና የኒዮሶሻሊዝም የካፒታሊስት ሥርዓቶች የፋይናንስ አሪስቶክራቶችንና ኦሊጋርኮችን መፍጠርና በማን አህሎኝነት መንቀሳቀሳቸው።
- የዓለምን ኢኮኖሚ በጥቂቶች ቁጥጥር እያደረገ መሄዱን ለማስቀጠል በመልማት ላይ ያሉ አገሮችና

ሕዝቦች በሰላም የመገዛትና የመኖር ነጻነት ሊበራል ዴሞክራሲን ከመቀበል ውጭ እንዳይቻል በማድረጉ ጦርነትና ስደት መስፋፋቱ።

ገና በሽግግሩ ወቅት የናኖቴክኖሎጂ አብዮት ይህን ያህል መከራ ካስከተለ ተገቢው የሶሻሊስትና ሊበራሊዝም መስተጋብሮች ሳይስተካከሉ ሙሉ በሙሉ ናኖቴክኖሎጂ በኢንዱስትሪ ውስጥ ሲተገበር ምን ሊሆን እንደሚችል ገምቱ።

በዓለም ላይ ርሃብን ለማጥፋት፣ እውቀትን በሁሉም ዘንድ ለማስረጽ፣ ባሕላዊ እሴቶችን መከወንን፣ ቤተሰባዊ የምርትና የባሕል አደረጃጀትን በማቀላጠፍ የሰው ልጅ ምድራዊ ገነት ለመፍጠር የሚያስችለውን ቴክኖሎጂ የተጎናጸፈው የሰው ልጅ በማን አህሎኝነት ለጥፋት ከአሁኑ ሲጠቀምበት እየተመለከትን ነው።

ይህ ሁኔታ ሊቀር የሚችል አይደለምን???

ይቻላል። ወደፊትም ናኖቴክኖሎጂ የሚያስገኘውን ጸጋ የዓለም ሕዝብ በሰላም፣ በፍቅርና የመኖር መብቱ ተጠብቆ በብልጽግና እንዲኖር እንዲያስችል ማድረግ ይቻላል። ቀጣዮቹ ምዕራፎች በዚህ ላይ ያተኩራሉ።

4. የናኖቴክኖሎጂ ሥልተ ምርት፣ ከዓለም አቀፍ ንግድ ወደ ሁለገብ የማኅበረሰብ ምርትና ልውውጥ ሥርዓት

የካፒታሊዝምን ሥርዓትን እጥር፣ ምጥን ባለና ዋነኛ መታወቂያውን አጠቃሎ ያቀረበ ካርል ማርክስ ነው። በነጻ አተረጓጎም ሃሳቡን እንደሚከተለው ማጠቃለል ይቻላል። 'ቡርዧው፣ በአንዲት መቶ ዓመት አገዛዙ፣ ከርሱ ቀድመው የነበሩት ትውልዶች በጠቅላላው በአንድ ላይ ሆነው ካስገኙዋቸው ይበልጥ የገዘፉ እና ይበልጥ ታላቅ የሆኑ የምርት ኃይሎችን ፈጥሯል። የተፈጥሮ ኃይልን ለሰው ልጅ ጥቅም በመግራት፣ ኬሚስትሪን ለኢንዱስትሪና እርሻ ምርት ማቀላጠፊያነት በማዋል፣ በእንፋሎት የሚሠሩ ሞተሮች፣ ባቡሮች፣ የኤሌክትሪክ መልዕክት ማስተላለፊያዎች በማስገኘት፣ ክፍለ ዓለማትን ለእርሻ ሥራ በመመንጠር፣ ወንዞችን በመስኖ በመጥለፍ በማሕበራዊ ሥራ ውስጥ ተቀብሮ የቆየውን የምርት ኃይሎች ፈልቅቆ አወጥቶ ሕዝቦችን ከመቃብር ኑሮ አላቀቃቸው።'

ይህ የቴክኖሎጂ እድገት የኢንዱስትሪ አብዮትም ተብሎ ይጠቀሳል። የሸመና፣ የምግብ፣ የእርሻ ምርቶችን በፋብሪካ አመራረት በቀን ብዙ ኪሎሜትር የሚሸፍኑ ጨርቆች፣ የተትረፈፈ የታሸጉ ምግቦች፣ መኪናዎች፣ የኤሌክትሪክ ምሮቶችን (ብቻ ለቁጥር የሚያታክቱ መገልገያዎችን) እንደ አሸን ማፍራት በማስቻል ለባለቤቶቹም ምርታማነት በማደጉ ብዙ እንዲያተርፉ ያስቻለ ሥርዓት ነው።

በሁለተኛው የዓለም ጦርነትና በኋላ የተደረጉ የቴክኖሎጂ እርምጃዎች በዚህ ሥርዓት ውስጥ ብዙዎችን ከደቀቀ ኑሮ አውጥቶ ወደ መሃከለኛ ደረጃ ባለሃብቶች የቀየረ ነው። ዘመኑ የዚህ ሥርዓት ወርቃማ ዘመን ሊባል ይችላል።

ዘመኑ በአውሮፓ ውስጥ የተገኘውን የምርት ኃይሎች እድገት የሚያሳይ ሲሆን ጎን ለጎንም የዚህ ሥርዓት መገለጫዎች የሆኑት

ሁለቱ የአውሮፓ ስልጣኔ አንኩዋሮች ማለትም ሊበራሊዝምና ሶሻሊዝም አብረው የዳበሩበት ነው።

የካፒታሊዝም መሠረቱ የመፈብረኪያ ቦታዎች ሲሆኑ በመፈብረኪያ ቦታዎች ያለው ማህበራዊ ግኑኝነት የሚገለጸው በሠራተኛ ማህበርና በፋብሪካው ባለቤት መሃከል የመጀመሪያው የሶሻሊት መርሆችን በመያዝ የፋብሪካው ባለቤት ደግሞ የምርታማነትን መርህ በማንገብ በሚያደርጉዋቸው ድርድሮች በሚስማሙበት አማካይ አቋም ሲሆን በማህበረሰብ ደረጃ ደግሞ እስከ መንግሥት ድረስ የሶሻሊዝምና ሊበራሊዝም የአገዛዝ ጽንሰ ሐሳቦች በመፎካከርና በሚደርሱባቸው አማካይ አቋሞች ላይ የተመሠረተ ነበር።

ይህ ሰላማዊና አዝጋሚ ግን አጥጋቢ ሁኔታ ወደ መካረር ያመራው ዓለም በሁለት ካምፕ በመከፈል አንደኛው በሊበራሊዝም ላይ የተመሠረት ሌላው በሶሻሊዝም ላይ የተመሠረተ የማይታረቅ ትግል ባስነሱበት ሁኔታ ነው። ከላይ እንደገለጽነው ሁለቱም ካምፖች መሠረታቸው የኢንዱስትሪ መናኸሪያቸው ከተሞች ስለሆኑ የእንዱስትሪ ሽቀጥን ለብሔራዊና ዓለም አቀፍ ገበያ በማምረትና በሶሻሊዝም የመላውን አገሪቱን ሕዝብ ለማድረስ በታቀደ ልማት ላይ ትኩረታቸው የማይታረቅ እስከመሆን ደርሶ ነበር።

የመጀመሪያዎቹ የፍጥጫ ወቅቶች በግጭት የታጀቡ ቢሆንም በሁለቱም ካምፖች ትልቅ የቴክኖሎጂ እድገት የታየበት ነበር። በሩሲያና በአሜሪካ የሚመሩት ካምፖች በፉክክር ሳይንስና ሂሳብን ማሳደግ ብቻ ሳይሆን የሕዋ ጉዞን ከፍተኛ ደረጃ ያደረሱበት ነበር። ሶቪዬት ሕብረት ለመጀመሪያ ጊዜ ሰው ወደ ጠፈር የላከችበት አሜሪካም በፉክክር ሰው ከጨረቃ ያሳረፈችበት ውጤታማነት ይታወሳል።

የሁለተኛው ዓለም ጦርነት እንዳበቃ አሜሪካ በባሩክ እቅድ መሠረት የዓለም መንግሥታት ሕብረት በራሱዋ መሪነት እንዲዋቀር ጠይቃ ሶቪዬት ሕብረት እንቢተኛ በመሆኑዋ የቀዝቃዛው ጦርነት የሚባለው ተጀመረ።

የቀዝቃዛውን ጦርነት ልዩ የሚያደርገው ተፎካካሪዎቹ ሁለቱ ኃያላን እያንዳንዳቸው ለምርታማነትና ለሰብዓዊ መብት ማለትም ሊበራሊዝምና ሶሻሊዝም እሴቶችን አጣምረው የቆሙ በማስመሰል ሁለቱ ካምፖች ፉክክራቸውን ቀጠሉ።

አሜሪካ ግን የሠራተኛ መብትን በሶቪዬት ፕሮፓጋንዳ ማስታገሻም ቢሆን የሠርቶ አደሩ ኑሮ ደረጃ እንዲሻሻል ለማድረግ ቻለች። ሶቪዬት ሕብረት ግን የሸቀጥ ኢንዱስትሪ ምርትን ለሁሉም ሕዝቦቿ ለማዳረስ ባደረገችው ጥረት የሸቀጦች ጥራት እየቀነሰ ሄደ። በአሜሪካ በኩል የዕለት መጠቀሚያ ቁሳቁሶች አመራረት ከጥራት ጋር ከፍተኛ እመርታ ሲያሳይና የመሃከለኛ ገቢ ያለው ሕዝብ ቁጥር ሲያሻቅብ በሶቪዬት ሕብረት ግን ጅንስ ልብሶችን እንኳን በተፎካካሪነት ደረጃ ለማምረት አለመቻል፣ በሕዋና በሳይንስ የሚደረጉ በዓለም ተወዳዳሪ የሌላቸው ፈጠራዎችን ወደ የዕለት መጠቀሚያ ቁሳቁሶች በመለወጥ የሚስቡና የሚያጓጉ እንዲሆኑ ለማድረግ ሶቪዬት ሕብረት ተሳናት። ሶቪዬት ሕብረት በሳይንስና ሂሳብ ያደረገችው እመርታ አሁን ዛሬም ድረስ አዲስ የምንላቸውን ብዙ ግኝቶች ለማፍራት የቻለ ቢሆንም እነዚህን ግኝቶች ተጠቅሞ ውብ ቴሌቪዥኖች፣ የሞባይል ስልኮች የመሳሰሉ በገበያ ላይ ተፎካካሪ የሚሆኑ ሸቀጦችን ማውጣት ተስኖት ተሽመደመደ። በዚህ ሁኔታ ሶቪዬት ሕብረት ፈረሰች።

አሜሪካ ከሁለተኛው የዓለም ጦርነት በኋላ የሶሻሊስት መርሆችን በሊበራል ሥርዓቷ ውስጥ በማዳበል ያገኘችውን ጥንካሬ የተመለከተችው ቻይናም የሰፊውን ሕዝብ ኑሮ ማሳደግ ጎን ለጎን ለብሔራዊና ዓለም አቀፍ ንግድ የሚመረት ሸቀጥ ላይ በማተኮር የኒዮሶሻሊዝም ሥርዓትን አዲስ መልክ ሰጠችው።

ኒዮሊበራሊስቶችና ኒዮሶሻሊስቶች በናኖቴክኖሎጂ መስፋፋት የኢንዱስትሪ መሠረትነት እየቀረ በመሄድ ላይ እንዳለና አዲሱ የናኖቴክኖሎጂ ስልተምርት አዲስ የኢኮኖሚና ማሕበራዊ አወቃቀር እያመጣ መሆኑን ይገነዘባሉ ወይ? ግንዛበውስ ካላቸው አዲሱን ስልተምርት እድገት ማህበራዊ ቀውስ ሳያስከትል ሽግግር ለማድረግ ጥረት ያደርጋሉ ወይ? በዚህ የናኖቴክኖሎጂ መባቻ ዘመን ከፈረንሳይ አብዮት ጀምሮ ክቡር የተባሉት የእኩልነት፣ የወንድማማችነት፣ የነፃነት መርሆች የተሻሩ ይመስላሉ። ምክንያቱም ከሶቪዬት ሕብረት መውደቅ በኋላ ያየነው በኒዮሊበራሊዝምና ኒዮሶሻሊዝም ሕብረተሰብ በፋብሪካ ውስጥ የሠራተኛ ማህበሮች እንዲዳከሙ ወይም እንዲፈርሱ ተደረጓል። ይህም የካፒታሊት መሠረቱ በሆነው በኢንተርፕራይዝ ደረጃ የሌለ ዴሞክራሲና የሃብት ክፍፍል በትልቁ ሕብረተሰብና አገር ሊታይ ስለማይችል ሶሻሊዝምና ሊበራሊዝም የአውሮፓ ስልጣኔ ሁለት ገጽታዎች መሆናቸው ተዳከሟል።

ይህ ሁኔታ በኢንተርፕራይዝ ደረጃ ባለንብረቶችና ወኪሎቻቸው በጣም እየበለጸጉ የመሃከለኛ ደረጃ ላይ የነበሩት ሠራተኞች ወደ ታችኛው መደብ እየተሸጋገሩ የትልቅ ቀውስ ምልክቶች በኒዮሊበራልና ኒዮሶሻሊዝም ሥርዓቶች ውስጥ እየታየ ነው።

የናኖቴክኖሎጂ ዘመን የብሔርተኝነት፣ የኢምፓየር መስፋፋትና የጠቅላይነት ዘመን ሳይሆን ያለፈው ዘመን መገለጫዎች የሆኑት የዓለም አቀፍ ንግድ ወደ ሁለገብ የማህበረሰብ ምርትና ልውውጥ ሥርዓት የሚቀየርበት መሆን እንዳለበት የቴክኖሎጂው ጠባይ ይጠይቃል።

ይህንን ጥቅል መንደርደሪያ በዚህ መጽሐፍ የመጀመሪያው ምዕራፍ ካነሳነው ጋር አያይዘን ለመረዳት እንሞክር።

የናኖቴክኖሎጂ ሥልተ ምርት መሠረቶች የሚሆኑት ናኖክሪስታልና ናኖቁስ እንደሆኑ ተነጋግረናል። በነዚህ ላይ የተመሠረት ምርት ደግሞ የሚጠይቀው የመገጣጠሚያ ፋብሪካን ሳይሆን በኮምፒዩተር የሚታዘዝ 3ዲ ፕሪንት ነው። ይህም አመራረት ምርት በየትኛውም ቦታ እንደፍላጎት ሊመረት እንደሚችል ያሳያል። በዚህ ሥልተ ምርት እቃዎች በመርከብ፣ በባቡር፣ በጭነት መኪና የሚጓጓዙበት ሁኔታን ያስቀራል። በዚህ ሥልተ ምርት ኢምፓዬርና ቅኝ አገዛዝና አባሪው የአገር ብሔርተኝነትና የሐይማኖት ጽንፈኝነት መገለጫዎቹ አደረጃጀት አይሆኑም። ምን ለማግኘትና ለመሥራት ወደ ወረራና የባሕር መስመሮችንና የባቡር ሐዲዶችን ለመቆጣጠር ሲባል ጦርነቶች ይከፈታሉ? ከአገር አገር የሚጓጓዙ እቃዎች ሳይኖሩ ምን መርከብና ሐዲዶች ይኖራሉ።

የናኖቴክኖሎጂ ሥልተ ምርት የናኖቁስና ናኖክሪስታል ላይ የተመሠረተ በመሆኑ መሠረተ ልማቶቹም የኢንተርኔት ማገናኛ ሳታላይቶች፣ የኢንተርኔት መረቦችና የማሕበረሰብ መሠረት ያለው ምርት የመለዋወጫ ደንቦችን የሚያካትት ስለሚሆን ይህ በዓለም መንግሥት ቢሮክራሲ ስር የሚተዳደር እንጂ በኒዮሊበራሊዝምና እና ኒዮሶሻሊዝም እንዲሁም ቀደም ባለው በኢንዱስትሪ አብዮት የመጀመሪያ ዘመን እንደሚታየው እነዚህ አውታሮች በጥቂት ግለሰቦች እየተያዙ ዓለም በጥቂት ኦሊጋርኪዎች እና በአብዛኛው ሕዝብ ሥራ አጥነት፣ ኀስቋላነት፣ ረሃብተኝነትና የጦርነት ሰለባነት የምትመራ ሆና ዘላቂነት ያለው ሥርዓት አይኖራትም።

በሁለተኛው የዓለም ጦርነት ማብቂያና በቀዝቃዛው ጦርነት ወቅት የሶሻሊዝምና ሊበራሊዝም እሴቶች እየተቀራረቡ ሄደው አንድ

ዓለም ዓቀፍ መንግሥት እንደሚመሠረት ትንበያዎች ነበሩ። በዚያን ጊዜ የነበሩት ትንበያዎች የናኖቴክኖሎጂን ዘመን አርቀው ያሰቡ አልነበሩም። የኢንደስትሪ አብዮት፣ የአቶምና ኤሌክትሮኒክስ ግኝቶች የዚያን ዓይነት አንድ ዓለም ለመፍጠር በመሠረትነት በቂ ናቸው ከሚል እሳቤ ነበር። ኢንዱስትሪያዊ ስልተምርት ለካፒታሊስት መሠረት እንደሆነው ሁሉ ለኮሙኒስት ሕብረተሰብም መሠረት እንደሚሆን ይገመት ነበር።

በናኖቴክኖሎጂ ዘመን ግን ራሱ ሥለተምርቱ በአንድ ዓለም ሥርዓትና ከጽንፈኝነት በጸዳ አስተሳሰብ መመራትን የሚጠይቅ ነው። ናኖክሪስታል፣ ናኖቁስና 3ዲ ሕትመት መሠረታዊ በሆኑበት ሁኔታ ለቅንጦት የሚተገበሩ የቀደመው ሥርዓት ቅሪቶች የሥልተምርቱ መገለጫዎች ተደርገው ሊወሰዱ አይችሉም። እነዚህ ዓይነት አመራረቶች ከናኖቴክኖሎጂ ስልተምርት ጋር ተጣምረው በተወሰነ ደረጃ የሥልተምርቱ ባሕሪ ይሆናሉ። በቤተሰብ ደረጃ በተደራጁ የናኖቁስና ናኖክሪስታል አመራረት የጎሮ እርሻዎችና ከብት እርብታዎች የካፒታሊስት ሥልተ ምርት ገጽታዎች ሳይሆኑ የናኖቴክኖሎጂው የማህበረሰብ ምርትና ልውውጥ አካል ይሆናሉ።

በናኖስልተምርት የማህበረሰብ /ቤተሰብ / አመራረት በአብዛኛው ሁሉበኩሌ የሆነ ሲሆን የመንግሥታዊ ሥርዓቱም ዓለምአቀፋዊና በቴክኖሎጂ ምጥቀት ግልጥና ቀላል ይሆናል ብሎ ለመገመት አያዳግትም።

የዓለም አቀፍ ንግድ የኢንደስትሪ አብዮት መገለጫ ሆኖ በወጣበት ዘመን፣ ንግድ፣ በቀደምቶቹ ሥልተምርቶች ከታየው ቻይናዎች በስጦታ እቃ ጫኝ መርከቦቻቸው የሚያደርጉት ከነበረው አሰሳና የቀድሞ ዘመን ግዛቶች በመሃከላቸው ካለው አነስተኛ የንግድ ልውውጦች የተለየና የኢንደስትሪ አብዮትና የካፒታሊዝም ዋና መገለጫ ባሕሪው በሆነው በሚፈበረክ ሸቀጥ ላይ የተመሠረተ ነው።

በባሕር ላይ በመርከብ፣ በየብስ በባቡርና በመኪና የሚደረጉት የንግድ ልውውጦች ባሕሪ የሸቀጥን ዓለምአቀፋዊነት በማሳደግ አንዱ አገር ላይ የሚመረተው በሌሎች አገሮችም የሚሸጥ የሚለወጥ እንዲሆን አስችሏል። ትላልቅ የኢምፔሪያሊስት አገሮች ኩባንያዎች ምርቶች ማለትም መኪና፣ የቅንጦት እቃዎች፣ መገልገያዎች ዓለም አቀፋዊ ይዘትን ለሁሉም ከተማዎች ሰጥተዋል። ቶዮታ መኪና የጃፓን ቢሆንም በየትኛውም አገር ከተሞች ሲፈሱ ታዩዋቸኋላችሁ። ኮካኮላ የአሜሪካ ቢሆንም በየትኛውም መንደር ትጎነጩታላችሁ። ከአጀማመራቸው እነዚህ ንግዶች በጦር ሃይል የተደገፉና አገዛዝን

በሌላው ላይ የመጫንን ግልጽና ስውር አካሄድ የሚከተሉ ስለሆኑ ዓለም አቀፍ የሆነ የባሕል ተጽእኖ ያሳረፉ ናቸው። የኢንዱስትሪው አብዮት በአቶምና ኤሌክትሮኒክስ አብዮት ሲታገዝ የንግድና የባሕል ዓለማቀፋዊነትን ይበልጥ አጠናክሯል። የካፒታሊዝም መገለጫ የሆኑ አንዳንድ ድርጅቶች በአሁኑ ጊዜ የየአገራቸውን ሃብት ጠቅልለው እየያዙ ነው። ካፒታሊዝም ገና ባልጠነከረባቸውም ቦታዎች እንኳ ከጥሬ እቃ ይልቅ የተፈበረኩ የሸቀጥ ምርትና አገልግሎት የተሻለ ገቢ ያስገኛሉ። ለምሳሌ ያህል የኢትዮጵያ ዋነኛ የውጭ ገንዘብ ማግኛ ቡና ነው እየተባለ ቢለፈፍም የኢትዮጵያ አየር መንገድ ብቻውን የዚህን አራት እጥፍ የውጪ ምንዛሪ ያገኛል። በአሁኑ ጊዜ ትላልቅ የኮምፒዩተርና አይቲ ተቋማትን በባለቤትነት ለመያዝ ትላልቅ አገሮች ያላቸውን ጉጉት መነሻ ከዚህ መረዳት ይቻላል። በመጪው ዘመናት ለፍጆታ ከሚውሉ ሸቀጦችና አገልግሎቶች ይበልጥ ኮምፒዩተር ጋር የተዛመዱ የመገናኛ መረቦችና የ3ዲ ሕትመት ይበልጥ አትራፊ ይሆናሉ። የነዚህ መረቦች በግለሰቦች ወይም በማህበራዊ ይዞታነት መቀጠል ወይም አለመቀጠል ዋናው የፖለቲካ መገለጫ ይሆናል።

በቀዝቃዛው ጦርነት ወቅት ሶቪዬት ሕብረት ለሳይንስና ሒሳብ በሰጠችው ቅድሚያና ኒዮሶሻሊዝም ለመገንባት በምታደርገው ጥረት ሳይንሳዊ አመለካከት በሃይማኖት አመለካከት ላይ የበላይነት እንዲኖረው ስታደርግ በሌላው ወገን ሃይማኖትን ለሶቪዬት ሕብረት መቃወሚያ መሣሪያነት ቢገለገሉበትም በምዕራቡም የካፒታሊስት ዓለም ሳይንስ በሃይማኖት ላይ ያለው ተፅዕኖ ከፍተኛ ስለነበረ በአውሮፓ ከተሞች ቤተክርስቲያን ሳሚ ክርስቲያኖች ቁጥር እየተመናመነ የሄደበት ሁኔታ ታይቷል።

በኢንደስትሪና አቶምና ኤሌክትሮኒክስ አብዮት የተከተለው የንግድና የባሕል ዓለም አቀፋዊነት ባሕርይ በናኖቴክኖሎጂ ሥልተ ምርት የሚኖረው ይዘት በራሱ በቀዳሚው ስልተምርት ውስጥ ጥንስሱ የሚታይ ነው።

የካፖታሊስቱ ስልተምርት (ኒዮሶሻሊዝምናና ኒዮሊበራሊዝምን ጨምሮ) የዓለም አቀፍ ንግድና ባሕል ክሱት የሆኑባቸው ከተሞች የተስፋፉትና ያደጉት በኢንደስትሪ፣ በአቶሚክና ኤሌክትሮኒክስ አብዮቶች ነው። በቀደሙት ስልተምርቶች ታይተው የማይታወቁ ትላልቅ ከተሞችና እርስ በርሳቸው የተቆላለፉ ከተሞች እንደ ኢንደስትሪ አብዮት ዘመን ፈልተው አልታዩም። ይህ ዓለምአቀፋዊ የካፒታሊዝም ባሕሪ በኒዮሶሻሊዝም ተሞክሮዎችም ውስጥ ጎልቶና

ዳብሮ ታይቷል። ይህ ሲሆን የቻለው በካፒታሊዝም ሥልተምርቱ
ከፋብሪካና ከሸቀጥ ምርት ላይ የተመሠረተ ልውውጥ በመሆኑ ነው።
የፋብሪካ ምርት (የዘመናዊ እርሻን ጨምሮ) ግብአቶችን ከመሸመት፣
ከማጓጓዝ፣ እሴት ከመስጠትና ፈብሪኮ ወደ ገቢያ ማጓጓዝና መሸጥን
ስለሚያስከትል አብረውት የሚያጅቡት የባሕርና የየብስ እንዲሁም
የአየር መጓጓዣዎች ከፍብሪካው ጋር ስሙር ሲሆኑ ከተማዎችንም
አስፋፍተዋል።

በናኖቴክኖሎጂ ስልተምርት ግን ፍብሪካ ከናኖክሪስታልና
ናኖቁስ 3ዲ ማተም (ማምረት) ጋር የተያያዘና ማስተላለፊያና
ማጓጓዣውም የባሕርና የየብስ መሠረት ልማቶች ሳይሆኑ
የኮምፒዩተሮች መገናኛ ስለሆነ የግብአቶች ምርት ከፍቅ የሚጓጓዝ
ሳይሆን በየመንደሩ የተወሰነ ይሆናል። በዚህ ላይ በኮምፒዩተሮች
መናበብ የሚሠራ በመሆኑ ትንሹ የማህበረሰብ አደረጃጀት የዓለም
አቀፍ ፌደሬሽንን በቀላሉ ለማስገኘት ይችላል። በካፒታሊስቱ(ኒዮ
ሶሻሊዝምንና ኒዮሊበራሊዝምን ጨምሮ) የታየው ወረዳ፣ ብሔር፣
ክፍለሀገር፣ ዓለም አቀፍ አደረጃጀቶች በኮምፒዩተሮች መካከል
መናበብ ዝቅተኛው የወረዳ ወይም የማህበረሰብ አንን ለዓለም
ፌደሬሽን መሠረት የሚሆን ቢሮክራሲያዊ አደረጃጀትን ማስገኘት
ይችላል። ይህም የዓለም አቀፍ የየብስና ባሕር ንግድን ወደ ሁለገብ
የማህበረሰብ ምርትና ልውውጥ ሥርዓት የሚያመራ እንዲሁም
እያንዳንዱ ወረዳ ወይም የሕብረተሰብ አደረጃጀት ከአጠቃላዩ ዓለም
ጋር የተሳሰረበትና ሁሉም መረጃዎች ግልጽና ተደራሽ ይሆናሉ።

ስለዚህም ከካፒታሊስቱ የገበያና ማህበራዊ አደረጃጀት
ስልተምርት ውስጥ ይበልጥ እየዳበሩና እያደጉ የሚሄዱት ከባቢያዊ
የምርት አደረጃጀትና ልውውጥ ሥርዓቶች ይሆናሉ።

ከዚህ ቀጥሎ ባሉት ምዕራፎች የዚህ አደረጃጀት መለያ ባሕርያት
የሚብራሩ ሲሆን ከላይ የተጠቀሱትም ይበልጥ ግልጽ እየሆኑ
ይሄዳሉ።

5. የናኖቴክኖሎጂ ስልተ ምርትና የቤተሰብ ሁለገብ ማህበራዊና ኢኮኖሚያዊ አደረጃጀት

እስቲ የናኖቴክኖሎጂ ሙሉ በሙሉ በሥራ ላይ የዋለበት የምናብ ሕብረተሰብ ውስጥ ወስጄ በምናብ ላስቀምጣችሁ። በምናባችሁ ካያችሁት በኋላ አሁን ባለንበት ዘመን ወደዚያ ዓለም ለመሸጋገር ምን ዓይነት አቋም መያዝ እንዳለብን እንድታስቡ ሊያደርጋችሁ ይችላል። በእኛ ደረጃ ባሉ አገሮች፣ በታዳጊ አገሮች ደረጃና በበለጸጉት አገሮች ደረጃ ምን በማድረግ ፈጣንና ሰላማዊ ሽግግር ማድረግ እንደምንችል ሃሳብ ያጭርባችሁ ይሆናል።

ወደ ምናቡ ዓለም ልውሰደዎት። የተመቻቸ ቤት ውስጥ ነው ያሉት። አንድ ብርጭቆ ውሃ ለቤትዎና ለሥራ ቦታዎ የሚያስፈልገውን የኤሌክትሪክ ኃይል ያመርታል። ቀድሞ የሚያውቋቸው የኤሌክትሪክ ምሰሶዎችና ሽቦዎች በመስኮቱ አይታዩዎትም። አቅራቢያዎ ወዳለው ቦታ ለመሄድ ስለፈለጉ ኦቶኮፕተሩ በድምጽ ትዕዛዝ የፈለጉት ቦታ ያደርሰዎታል። አሁንም ቀድሞ የነበሩ አስፋልትና የባቡር መንገዶች ጢሻ ካልዋጣቸው ከቤትዎ ሆነው ወይም በኦቶኮፕተሩ እየተንሳፈፉ ያዩዋቸዋል። አሁን ከቤትዎ ተመልሰው የቤተሰበባዊ ድርጅትዎ ውስጥ ወደ ሥራ እየገቡ ነው።

ከጥቂት አስርት ዓመታት በፊት ከተሞች የፖለቲካ፣ ኢኮኖሚና ማህበራዊ ኑሮ ማዕከል ነበሩ። ማኑፋክቸሪንግ ከተሞችን ማዕከል አድርጎ አድጓአል። የተማከለ አስተዳደር ከተሞች ላይ የተዋቀረ ሆኖ ለሁለት ምዕተ ዓመት ቆይቷል። እንደ አዲስ አበባ ያሉ የክፍለ አህጉር ማዕከል እንደ ኒዮርክ ያሉትም የዓለም ማዕከል ሆነው ወጥተዋል። ከተሞች የሥነ ጥበብ ማዕከሎችም ሆነው ኑረዋል።

ናኖቴክኖሎጂ ግን ሸቀጥ/ምርት በየቤቱና በየመንደሩ የሚታተም (የሚሠራ) እንጂ እንዱስትሪን የማይጠይቅ በመሆኑ በአንድ ቦታ የሰዎችን መከማቸት አስቀርቷል። በዚህም ምክንያት ዓለም አቀፋዊነትና ከባቢያዊ የማህበረሰብ ቡድኖችን ተጠናክረዋል። በቀድሞው ዘመን ከባቢያዊነትና ዓለም አቀፋዊነት ተጻራሪና አብረው የማይሄዱ ተደርገው ይወሰዱ ነበር። በትንሽ ዓመታት ውስጥ የቤተሰብ ቡድኖችና ከባቢያዊ የተቀናጀ ምርት ቦታውን ወስደዋል።

የርሰዎ ቤተሰብ የተሠማራበት የጫማ 3ዲ ሕትመት ምርት ነው። የቤተሰብዎ አባላት አራት ሲሆኑ ከርሰዎ ጋር 5 ናቸው። እናትዎ የሰማኒያ ዓመት አሮጊት ቢሆኑም እንደ ጥንቱ ዘመን የወደቁና የጎበጡ አይደሉም። ናኖቴክኖሎጂ ባስቻለው የጄኔቲክ ኢንጂኒሪንግ የጤና ሁኔታቸው ከጤነኛ ወጣቶች የተለየ አይደለም። ዘመኑ ባስገኘው ሳይንስም ዘላለማዊነት ይቻላል የሚለው እሳቤ በሰፈነበት ዓለም የሚኖሩ ናቸው። በአእምሮም በሰውነትም የበቁና ጠንካራ ናቸው። የጫማ ሕትመትን የሚያከናውነውን ፓናል ይቆጣጠራሉ። እርሰዎ በከባቢዎ ካሉት በሌላ መስክ ከተሠማሩ ቤተሰቦች የጫማ ትዕዛዝን በኮምፒዩተር እየተቀበሉ በመረጡት ዲዛይን እንዲታተምላቸው (እንዲሠራላቸው በቀድሞው ቋንቋ) ለአሮጊቷ እናትዎ ያስተላልፋሉ። የዚህ ዓይነት ሥራዎ በቀን አንድ ሠዓት ያህል ይፈጅበዎታል። ከዚህም ሌላ ከሌሎች አምራቾች (አታሚዎች በአዲሱ ቋንቋ) ለቤሰቡ የሚያስፈልገውን ናኖክሪስታልና ናኖቁስ ይገዛሉ። ይህ ተጨማሪ ግማሽ ሰዓት ያህል ይፈጃል። በጫማ ማተም ተግባር ላይ ያለዎትን የሥራ ድርሻ ለመወጣት የሚያጠፉት ጊዜ በቀን አንድ ሰዓት ተኩል ይሆናል ማለት ነው። እናትዎ የደረሳቸውን ትዕዛዝ ለሮቦቶቹ ማስተላለፍ ግማሽ ሰዓት ይፈጅባቸዋል። ምግብ ማዘጋጀት ለሳቸው የተሰጠ ድርሻ ስለሆነ በሮቦቶች በመታገዝ ቢሠሩት አስር ደቂቃ የሚፈጅባቸው ቢሆንም እንቅስቃሴ በሳቸው እድሜ አስፈላጊ መሆኑን ስለሚያምኑ ሁለት ሰዓት ፈጅተው ቆንጆ ምግብ ያዘጋጃሉ። በቀን ሁለት ሰዓት ተኩል በዚህ ዓይነት ሥራ ላይ ያሳልፋሉ። በትምህርት ቤቱም ለልጆች መጽሐፍ በማንበብና ስለ ቀድሞ የሰው ልጅ

አናኗር ለአንድ ሰዓት ይተርካሉ። በአጠቃላይ በቀን ሦስት ሰዓት ተኩል ይሠራሉ።

ሁለቱ ልጆቹዎ በአደረጃጀቱና የትምህርት ሥርዓቱ አሁን ከምናውቀው የተለየ ቢሆንም ልጆችዎ በትምህርት ቤቱ ውስጥ በኮምፒዩተር መጫዎቻዎችና በመምህራን ሮቦቶች እየታገዙ ይማራሉ። እንደ ጫዋታ ነው የሚያዩት። ስፖርትና ኪነጥበብ መዝናኛ የሆኑትን ያህል ማለት ነው። ልጆችዎ በአጠቃላይ በቀን 4 ሰዓት በኮሙኒቲው ማዕከል ውስጥ በሚገኘው ትምህርት ቤት ያሳልፋሉ።

ልጆቹ ከትምህርት ቤቱ ሲመለሱ ከምርት ጋር የተያያዙ መረጃዎችን በኮምፒዩተር ውስጥ ይከታሉ። ይህ ዓይነቱ ሥራ በኮምፒዩተሩ ካለ ሰው ድጋፍ ሊሠራ ቢችልም ልጆች የቤተሰባቸውን ሙያ እንዲያውቁ ተብሎ በቀድሞው አሠራር እንዲቆይ ተደርጓል። ሌላው የልጆቹ ሥራና በጣም የሚያስደስታቸው ጨዋታ አድርገው የሚገምቱት ከርቀት በሚታዘዙ አውቶኮፕተርስ የምርት ቁሶችንና የታተሙ ቁሶችን ወደየአድራሻቸው ማድረስ ነው። ሁለቱም ልጆች ቀልጣፋ የዕቃ ማድረስ ተግባርን በግማሽ ሰዓት ውስጥ ያከናውናሉ።

ልጆቹ በቀን በትምህርትና ቤተሰቦቻቸውን ከሕትመት ጋር የተያያዙ ሥራዎችን በመርዳት በቀን 5 ሰዓት ተኩል ያሳልፋሉ ማለት ነው።

ባለቤትዎ የምርምር ተግባር የተሠማሩ ሲሆን በቀን 4 ሰዓት በዚህ ዓይነት ተግባር ላይ ያሳልፋሉ። የጫማ ማተሚያው በባለቤትነት ከያዛቸው ሁለት የጫማ ዲዛይኖች ውስጥ አንደኛው በመላው ዓለም ገበያ ያገኘላቸው ነው። ኮምፒዩተራቸው በዓለም ላይ የታተሙትን ባለንብረት የሆኑባቸውን የምርምር ውጤቶች ዋጋ ያመለክታቸዋል። ከዚህ ዓይነት የሚገኘው ገቢ ቤተሰቡ ከሌሎች ዲዛይነሮች አግኝቶ የሚያትማቸውን ለመለዋወጥ ያስችለዋል። ይህ ዓይነቱ ልውውጥ በኢንተርኔት መረብ የሚደረግ ሲሆን መረቡ በዓለም መንግሥት ባለቤትነት የሚመራ ሲሆን በቤተሰቦች መሃከል

የሚደረገው ልውውጥ እንደ ካፒታሊስቱ ዓለም በአቅርቦትና በፍላጎት በሚመራ ገበያ ላይ የተመሠረተ አይደለም።

የቁርስ፣ ምሳና እራት ሁሉም የቤተሰቡ አባላት እንደቀድሞው ሁሉ በጋራ በአንድ ጠረጴዛ ዙሪያ ቆመው የሚመገቡበት ነው። ይህ ባሕል በጥንት ግሪኮች የነበረ ሲሆን ባለፉት ዘመናት ብዙ ከመቀመጥ የተከተሉ የሰውነት ጡንቻ መላላትን ለማስተካከል ከመቀመጥ ቆሞ መሥራትና መመገብ የተመረጠ ሆኖ ቆይቷል።

ምግብ የእርካታ አንደኛው አካል ሆኖ የሚቆጠር ስለሆነ ሥርዓቱም እጅ ለእጅ ዙሪያውን ተያይዞ በጸጥታ ለቤተሰቡ ያለን ምሥጋና ታስቦ ከዚያም የሚበላና ከፍተኛ መዝናኛ ነው። የቁርስ፣ ምሳና እራት ጊዜያት በቀን ሁለት ሰዓት ያህል ይፈጃሉ።

ከሰዓት በኋላ የሚያልፈው የቤተሰቡ አባላት በጋራ ሆነው በግቢያቸው ውስጥ በሚያከናውኑት የእርሻ፣ ከብት፣ ዶሮ እርባታና የአታክልት ክብካቤ ነው። በጣም አድካሚ የሆኑ ሥራዎች በሮቦት የሚከናወኑ ቢሆንም ቤተሰቡ በደስታ የሚያከናውነውና በሞላ ጎደል አብዛኛው ቤተሰቡ የሚፈልገው ምርት የሚገኘው ከዚሁ ሥራ ነው። ትንሿ ልጅ በሮቦቱ እየታገዘች ላሞችን ማለብ በጣም ደስ ይላታል። ሮቦቱ ደግሞ በመቀለድ ስለሚያስቃት በጣም ትወደዋለች።

ማታ ላይ የአካባቢው ቤተሰቦች አባላቶቻቸውን ይዘው በትምህርት ቤቱ ባለው የማሕበረሰብ ማዕከል ተገናኝተው የሚዝናኑበት ነው። ማዕከሉ፣ የስፖርት፣ የኪነጥበብ፣ የሳይንስ፣ የቤት ውስጥ መጫዎቻዎችና የዳንስ ምሽቶችን ያካተተ ነው። ማዕከሉ ከሩቅ ለሚመጡ ጎብኝዎች ማረፊያ አለው። ሆቴሎች ቀሪ በሆኑበት ዓለም እንደዚህ ዓይነት ማዕከሎች ለቱሪዝም ልውውጥ ዋና ማዕከል ሆነው ያገለግላሉ።

በመጨረሻው የካፒታሊዝም ሥርዓት በኦሊጋርኮችና በፋይናንሺያል ከበርቴዎች የሙስና፣ የሽርሙጥናና የስካር የመደብ ልዩነት የፈጠረው አጉራ ዘለልነት አጥለቅልቆት የነበረው የሆቴሎች ንግድ ካከተመ ዓሥር ዓመት ያለፈው

ሲሆን ተዋናዮቹም በጄን ተራፒ ህክምና ካላስፈላጊ ዝንባሌያቸው እንዲታከሙ ስለተደረገ ከሕብረተሰቡ ጋር ተዋህደው ይኖራሉ። ከነዚህ መሰል የስብዕና ችግር ያላቸው ድሃም ሆኑ ሃብታም ሰዎች ችግራቸው በሽታ መሆኑ ግንዛቤ አግኝቶ በጄን ተራፒ ተስተካክለው የሕብረተሰብ አባል ሆነዋል።

ከዚህ ላይ ዓይናችሁን ከመጽሐፉ አንስታችሁ ትንሽ ለማሰብ ሞክሩ። በአሁኑ ዘመን ሥራ አጥ የሚባሉ ሰዎች በሌሉበት በፋብሪካ ወይም በቢሮ ካልተቀጠረ ቦዘኔ የሚሆን በሌለበት ዓለም የተፈጠረው ቤተሰብን ማዕከል ያደረገ አመራረትን ናኖቴክኖሎጂ በማስቻሉ ነው።

እዚህ ጋ ስትደርሱ አሁንስ አበዛኸው ሳትሉኝ አትቀሩም። በእውነቱ ከሆነ ባሁኑ ጊዜ ያለን የናኖቴክኖሎጂ በሕክምና በእርሻ፣ በሕትመት አመራረት የደረሰበት በትንሽ ግፊት ይህን ሁሉ ለማከናወን የሚያስችል ነው።

እንደ ጥንቱ ሁሉ ትምህርት ቁልፍ ነው። ዓለም ለትምህርት ዓለማቀፋዊ ጥረት ቢያደርግ በኮምፒዩተርና በኮምፒዩተር የታገዘ ትምህርት በሁሉም ሕጻናትና ወጣቶች ተዳርሶ የናኖሥልተ ምርት ሽግግሩን ሊያቀላጥፉት ይችላሉ።

ብሔራዊ አደረጃጀት፣ የሃይማኖትና የዘር ጽንፈኝነት ዘመናቸው ያለፈባቸው ናቸውን? ከላይ የተመለከታችሁት ዓይነት ሕይወትና አደረጃጀት ብሔራዊ መንግሥታት በተጠናከሩበት ሊኖር ይችላል? ከሁለተኛው የዓለም ጦርነት ቆየት ብሎ ያከተመው የኢምፓየር አገዛዝ ከዚያም የቀደመው የጥንቱ ዘመን ኢምፓየር ለዓለም አቀፍ አገዛዝ ብቸኛ አማራጭ ናቸውን።

ከሶቪዬት ሕብረት መውደቅ በኋላ ያገረሸው በዚህ ኋላቀር ግንዛቤ አስተሳሰብ ምክንያት ኒዮሊበራሊዝምና ኒዮሶሻሊዝም የናኖስልተምርትን በኢንደስትሪው አደረጃጀት ውስጥ ለሽቀጥ ማምረት እየተጠቀሙበት የሥራ ሰዓት ቅነሳ፣ የሠራተኛ ደመወዝ እድገት በሌለበትና በኑሮ ደረጃ በተራራቀ ሕብረተሰብ አማካይነት በብሔርተኝነትና ጽንፈኝነት የዓለም መሪ ለመሆን

ሲጣጣሩ እናያለን። የዚህ ዓይነት አካሄድ ያስከተለው የሥርዓቶቹ መለያ ባሕሪ በአንድ ወገን አሪስቶክራትና ኦሊጋርኮች መበልጸግ በሌላ ወገን ደግሞ የአብዛኛው ሕዝብ የአካልና የሥነልቦና መጎሳቆል ነው።

6. የኒዮሊበራሊዝምና ኒዮሶሻሊዝም መገለጫዎች

አውሮፓ አፍሪካን፣ አሜሪካን፣ ኤሲያንና አውስትራሊያን በግዛት ሲያስተዳድር የሥልጣኔ ትርጉሙም የአውሮፓ አስተሳሰብ የሆኑት ሶሻሊዝምና ሊበራሊዝም ሆነው ወጡ። የሌላው ዓለም ጥንታዊውም ሆኑ ወቅታዊ አመለካከቶች በኋላቀርነት ተፈረጁ። ቤተሰባዊ፣ ሃይማኖታዊና ውበትና ሠላም የሚለው የጥንቱ ዘመን አስተሳብ ተብሎ ተፈረጀ።

ይህ በኢንዱስትሪያዊ አብዮት ጊዜ የወጣው አስተሳሰብ ጭፍን የግል ጥቅም አሳዳጅነትን የሚያበረታታ ስለነበር በጊዜው ባቆጠቆጡት ከተሞች (የፋብሪካ ማዕከሎች) የታየው የሕጻናትና የሠራተኛው ሕዝብ ጉስቁልና ከፍተኛ ነበር። ይህ ሁኔታ በሶሻሊስት ሰብዓዊ አመለካከቶች እየተገራ እስከሄደበት ድረስና በቅኝ አገዛዝና በባሪያ ፍንገላ ላይ በመመሥረት የውስጡን ልዩነት ለማስተካከል ቢጥርም ከሁለተኛው የዓለም ጦርነት በኋላ የሶቪዬቶችን ተጽዕኖ ለመቋቋም በተገበራቸው ሶሻሊስታዊ ሰብዓዊ ድርጊቶች የአብዛኛውን ሕዝብ ኑሮ ለማሻሻል አስችሎት ነበር።

ከሶቪዬት ሕብረት መፍረስ በኋላ በዓለም ላይ የሚታዩት ዋነኛ ሥልተምርቶች የአሜሪካና የአውሮፓው የሶሻሊስት ገጽታውን ገልፍፎ ጥሎ ያለ ሥርዓትና በቻይና የሚታየው በሶሻሊስት ሥርዓት ውስጥ የገበያ ሥርዓትን ያካተተ ነው። እነዚህ ሁለት የኒዮ ሶሻሊዝምና የኒዮ ሊበራሊዝም ሥርዓቶች በኢንደስትሪ ሥልተ ምርት ላይ የተመረኮዙና የናኖቴክኖሎጂን በእንደስትሪ ውስጥ እየተገበሩ ያሉ ናቸው። ሁለቱም ሁለተኛና ሦስተኛ ደረጃ የሚሉዋቸውን የናኖቴክኖሎጂ ያልታከለባቸው ኢንደስትሪዎችን ወደ ታዳጊ አገሮች በማዘዋወር ሥራ ላይ ተጠምደዋል።

ከሶቪዬት ሕብረት መውደቅ በኋላ ኒዮሊበራሊዝም ወደ ቀድሞው ዘመን ካታሊዝም መመለስ ተብሎ ሊወሰድ ይችላል። ምክንያቱም በባሕሪው የሚያበረታታውና የሚመራበት ጭፍን የግል ጥቅም አሳዳጅነት በመሆኑና የሠራተኛ ማህበራት የተዳከሙበት የመሃከለኛ የኑሮ ደረጃ የነበረው ሠራተኛ ኑሮ እየቆረቆዘ የሄደበት ነው። ይህም ሥርዓታዊ እየሆነ ሄዶ በ2000 ዓም ላይ ለቢሊየነር አሪስቶክራቶችና ኦሊጋርኮች ማደግ የተመቻቸ ሁኔታ ፈጠረ።

የቻይና ኒዮሶሻሊዝምም ቢሆን ቀደሞ በሶቪዬት ሕብረት ከታየው የተለየ ባሕሪ ይዞ ብቅ ያለ ነው። የሶቪዬት ሕብረት ኒዮሶሻሊዝም ሶሻሊዝምን ከሊበራሊዝም ጋር በተመጋጋቢነት ከማካሄድ ይልቅ የኢንደስትሪ ምርትን ለገበያ ሳይሆን ለሕዝብ በማዳረስ ንጹህ ሶሻሊዝምን ለመገንባት የሞከረ ሥርዓት ነበር። ከላይ እንደተመለከተው የሶቪዬት ሕብረት የኒዮሶሻሊዝም አካሄድ በሳይንስና ሂሳብ ከፍተኛ እመርታ ቢያሳይም የሳይንስና ቴክኖሎጂ ግኝቶችን ለሕዋውና ለጦር መሳሪያ ማሻሻያ እንዳዋለው ያህል የሕዝቡን የዕለት በዕለት የሕይወት መገልገያ እቃዎችን ለማሻሻልና መለወጥ አቅቶት እንደወደቀ ተጽፏል።

የካፒታሊስቱ ዓለም በቀዝቃዛው ጦርነት ወቅት የተቃኘው ሶቪዬት ሕብረትን ለመቋቋም በታቀደ መልኩ በመሆኑ ሥርዓቱ የሶሻሊዝም የፖለቲካ አቀንቃኞችን በመሃከሉ ለማዳከም ካፒታሊዝምና ሶሻሊዝም በመስተጋብር እንዲካሄዱ አደረገ። ይህ ኒዮሊበራሊዝም ብለን የምናውቀው ሥርዓት ከሶቪዬት ሕብረት መመሥረት ቀደም ሲል በነበሩት ዘመናት ካንሰራፋው ካፒታሊዝም ከሁለተኛው ዓለም ጦርነት በኋላ ሶሻሊስታዊ መርሆችንም በማካተት ኒዮ ሊበራሊዝም ተብሎ የሚታወቀውን ሥርዓት ፈጥሯል። ኒዮሊበራሊዝም ከሶቪዬት ሕብረት መውደቅ በፊት የነበሩት መለያዎችን እንደሚከተሉት ማዬት ይቻላል።

- የሥራ ቦታዎች ለሠራተኛው የተሻሉ እንዲሆኑ የአደረጃጀትና የሥራ ቦታ ደህንነቶችን ተግብሯል።

- በተለይ በአውሮፓና አሜሪካ የሠራተኛውን ኑሮ ከአዘቀት በማውጣት የመሃከለኛ መደብ ብሎ የሚጠራው ደረጃ ለማድረስ በቅቷል።
- በፖለቲካውም ሥርዓት የሠራተኛ ማሕበራት በከባቢ፣ በአገርና በዓለም ዓቀፍ ደረጃ ተጠናክረው እንዲደራጁ ፈቅዷል።
- በተባበሩት መንግሥታት ውስጥም የዓለም ሠርቶ አደሮች ድርጅትን በመፍጠር የሠራተኛ ንቅናቄ የሥራ ቦታ ዴሞክራሲያዊነትን ለማጠናከር አስችሏል።
- በሕብረተሰብ ደረጃ የሶሻል ዴሞክራሲና የኮንሰርቫቲቭ ፓርቲዎች ፉክክር በሶሻሊዝምና በካፒታሊዝም መሃከል ያለውን መስተጋብር የሚያንጸባርቅ ሆነ።

የቀዝቃዛው ጦርነት በሶቪዬት ሕብረት መውደቅ ሲጠናቀቅ ከዚህ በላይ የተመለከቱት ቀድሞውንም ሶቪዬት ሕብረትን ለመቋቋም የተደረጉ መዋቅራዊና ማህበራዊ ሶሻሊስታዊ መስተጋብሮች ተሸረሸሩ። ከዚህ በኋላ ያለውን የካፒታሊስቱ ሥርዓት የሶሻሊዝም መስተጋብር አያስፈልግም ብሎ በሊበራሊዝም ላይ ብቻ ያተኮረ ኒዮ ሊበራሊዝም ያስፋፋበት ነው ለማለት ይቻላል። የሁለተኛውን ረድፍ ኒዮሊበራሊዝም ባሕሪውን የሚገልጹት የሚከተሉት ናቸው።

- የሠራተኛ ማሕበራት ተዳክመው የሥራ ቦታዎች የዴሞክራሲ ሥርዓት በሠራተኛ ማሕበርና በማኔጅሜንት መሃከል የሚደረገው የሕብረት ስምምነት ቀሪ ሆነ ካለዚያም ተዳከመ።
- በሕብረተሰብ ደረጃ ኮንሰርቫቲቭ አመለካከቶች እየተጠናከሩ የሶሻሊስት አስተሳሰቦች ተዳከሙ።
- ከቀዝቃዛው ጦርነት በኋላ ኒዮሊበራሊዝም ዓለምን ወደተሻለ ሥርዓት ለማሸጋገር የካፒታሊዝም ሥርዓት በአዲስ ቴክኖሎጂና በአሜሪካ ልዩነትና ዓለምአቀፍ ተልዕኮ መሲህነት ይሳካል ተብሎ ላለፉት ሃያ አምስት ዓመታት መስዋዕት ከፍሏል።

ይህ አዲስ ሁኔታ በባለሃብቶችና በሠራተኞች መሃከል ያለውን የኑሮ ልዩነት እያሰፋው ሄዶ የሚከተሉትን ቀውሶች አስከተለ።

- ሃብት በጥቂት የፋይናንስ ባለሃብቶችና ኦሊጋሪኪዎች እጅ ተጠቃለለ።
- የኑሮ ልዩነቱ እየሰፋ ሄዶ ወደ 19ነኛው ክፍለ ዘመን ሁኔታ ተቀየረ።
- በትምህርት ላይ የሕዝብ ትምህርት ቤቶችን በማጠናከር ሀሉም ተማሪ እኩል እድል የሚያገኝበት ዘዴን በማጠናከር ፋንታ የሕዝብ ትምህርት ቤቶች በአንጻራዊነት ደረጃቸው እየወረደ በሌላ በኩል ለሃብታሞች ልጆች ብቻ የሚያገለግሉ በከፍተኛ ክፍያ ጥራት ያላቸው የግል ትምህርት ቤቶች ተስፋፉ። እኩል እድል የሚለው የተፎካካሪነት ሶሻሊስታዊ መርህ ተተወ።
- የባንኮች ኦሊጋሪኪዎች፣ የሠራተኛ ማሕበራት በተዳከሙበት ሁኔታ፣ የሠራተኛውን ገቢ በብዙ እጥፍ በሚበልጥ ገቢ ራሳቸውን በማንበሽበሽ በ2000 ላይ የዓለም ፋይናንስ ተናጋ።
- ሶሻሊዝምና ሊበራሊዝም የአውሮፓ ሁለት ባሕሎች መሆናቸው እየተረሳ ሊበራሊዝም ብቻ የአውሮፓ መሠረት እስኪመስል ደረሰ።

የቀድሞው የሶቪዬት ሕብረትን ኒዮሶሻሊዝም ሽቀጥን ለመገልገያ ሳይሆን ለገበያ በማዋል የከለሰችው ቻይናም ብትሆን ከላይ የታዩት ባሕሪያት ተንጸባርቀውባታል። ለማጠቃለልም ያህል የቻይናው ድብልቅ ኒዮሶሻሊዝም፣

- አዲስ ቢሊየነሮችንና ከሁለተኛው ዓለም ጦረነት በኋላ በኒዮካፒታሊዝም እንደታየው ሁሉ ሠራተኛው ወደ መሃከለኛ ገቢ ያለው እንዲሆን ተደርጓል።
- የናኖቴክኖሎጂ በኢንደስትሪ ውስጥ ሥራ ላይ በመዋሉ የሥራ አጥነት አደጋና ተጓዳኙ ጭንቀት በቻይናም ሕብረተሰብ መንጸባረቅ ይዟል።

- በቻይናም ብሔርተኝነት አንሠራርቷል።

በቀድሞ ሶሻሊስት አገሮች የመንግሥት ማምረቻዎችና አገልግሎት መስጫዎች ሃብታሞች በርካሽ እንዲገዙዋቸው በማመቻቸት ወይም በሩሲያ እንደተደረገው ሕዝቡ በትልቅ መነሳቆልና ድህነት ውስጥ ሆኖ የአገሪቱን ንብረት ገምቶ በኩፖን በማከፋፈል ጥቂቶች ከተነሳቆለው ሕዝብ በርካሽ ኩፖኖቹን እየገዙ ሃብታም እንዲሆኑ በማስቻል ቢሊየነር ኦሊጋርኮችን መፍጠር ተቻለ።

እነዚህ ኦሊጋርኮች ቀድሞ ምንም ያልነበራቸውና በአደረጃጀታቸውም ፋሺስታዊና ማፊያዊ በመሆናቸው የሥራ ቦታ ዴሞክራሲን ለማጥፋት፣ ነጻ የሠራተኛ ማህበራትን ለማዳከምና ማፊያዊ የሆኑ የሠራተኛ ማህበራትን በመመሥረት ጭፍን የግለሰብ ስግብግብነትን አስፋፉ።

በካፒታሊስቱ ዓለም የነበሩት አሪስቶክራት ካፒታሊስቶችም ወደ ቢሊየነርነት የማደግ እድሉ ሲከፈትላቸው ሥርዓቱም ማንኛውም ለሕዝብ አገልግሎት የሚውል ተቋም በግለሰብ እጅ በጣም ቀልጣፋ አገልግሎትን ያስገኛል በሚል ሰበብና በውጤታማነትም ረገድ ከሠራተኛው ሕዝብ ይልቅ ማኔጀሮችና ፕሮፌሽናል ጠበብቶች ምርታማ ናቸው በሚል ዘይቤ ከፍተኛ የተጋነነ ገቢ እንዲያገኙ ተደረገ። ከሁሉም በላይ የቀጣዩ የናኖቴክኖሎጂ ስልተምርት ዋነኛ አካል የሆነው የኢንተርኔት መረብና ተያያዥ አገልግሎቶች ለግለሰቦች በመተዋቸው አዳዲስ አሪስቶክራቶች እየተፈጠሩ የቀድሞውን ካፒታሊስ አሪስቶክራቶች ተደባለቁ።

በዚህ ዓይነት ሁኔታ በፈረንጆች የሚሊኒየሙ መባቻ ላይ በኒዮሊበራሊዝም አገሮች ሃብት በጥቂት ግለሰቦች የተያዘበት፣ የመሃከለኛ ገቢ የነበረው ወደ ታች የተንሸራተተበትና አብዛኛው ጎስቋላ የሆነበት ዓለማዊ ሥርዓት ለመፍጠር በቃ። በቻይናው ኒዮሶሻሊዝም ሥርዓትም ኦሊጋርኮች እየበዙና እየመጠቁ መሄድ፣ የመሃከለኛ የኑሮ ደረጃ ያለው መብዛትና አብዛኛው ሕዝብ ኑሮ የደረጃ የመሸርሸሩ አደጋ እየታየ ነው። የቻይናው ኒዮሶሻሊዝም፣ ቀደም ሲል ኒዮሊበራሊዝም፣ ከሁለተኛው

የዓለም ጦርነት በኋላ የሶሻሊስት መርሆችንም በማዳቀል ያስገኘው የመሃከለኛ የኑሮ ደረጃ ያለው ሕዝብ አፈጣጠርን እየደገመው ነው።

የናኖቴክኖሎጂ በኢንደስትሪ ውስጥ በሥራ ላይ መዋል እየፈጠረ ያለውን ሥራ አጥነት ለመቋቋም የመሠረተ ልማቶች እድሳትና ግንባታ ላይ በመሠማራት አሜሪካና አውሮፓ ጉዳዩን ለማለዘብ ሲሞክሩ ቀደም ሲል በአዲሱ ቴክኖሎጂ ላይ በማተኮር የቀደምት ቴክኖሎጂ ፋብሪካዎች በውጭ አገር የተተከሉትን በመመለስም ሥራ ለመፍጠር እየጣሩ ይገኛሉ። የቻይና ኒዮሶሻሊዝምም የውስጥ ገበያውን በማጠናከርና መሠረተ ልማቶችን በውጭ አገር ጭምር በመገንባትና እንደ ቀድሞው አውሮፓ የጥሬ ዕቃዎችን በማሰስ ችግሩን ለማለዘብ በመሞከር ላይ ይገኛል።

የፔትሮዶላር አገሮች በፋይናንስ ቀውሱ ጊዜ የታየው ሁኔታ ስላሰጋቸውና የቤንዚን ሃብት ዘላቂ አለመሆን ግልጽ በመሆኑ በታዳጊ አገሮች የእርሻና የሃብት መዋዕለ ንዋይ ፍሰት ለማድረግም ተገደዋል።

በአሁኑ ጊዜ ቻይናም ሦስተኛ ደረጃ ፋብሪካዎቿን ከአገሯ እየነቀለች ወደ አፍሪካ ስለምትተክል በናኖቴክኖሎጂ የበለጸጉት የአሜሪካና የቻይና የሥራ ፈጠራ እንዴት ችግር ፈች ይሆናል የሚለው አሳሳቢ ነው። ቀደም ባሉት ዘመናት ቻይና የአንድ ቤተሰብ አንድ ልጅ ፖሊሲ በመተግበሯ የሥራ አጥነት ችግሩን በመጠኑ እንዳይፈነዳ ይከላከለዋል ለማለት አይቻልም። በአሜሪካም ሆነ በቻይና የመዋቅራዊ ማስተካከያ ለማድረግ ሙከራ ሲደረግ አይታይም።

ሊደረጉ የሚችሉ መዋቅራዊ ማስተካከያዎች ምን ሊሆኑ እንደሚችሉ በቀጣዩ ምዕራፍ እንመለከታለን።

7. ለናኖቴክኖሎጂ ስልተምርት የሚደግፉ የሥራና ማህበራዊ አደረጃጀቶች

ከዚህ ቀደም ብሎ በነበሩት ምዕራፎች እንደተመለከተው ለናኖስልተምርት መሠረቱ የግኑኝነት መረብ እስካለ ድረስ በየትኛውም ቦታ ማናቸውም ነገር መመረት መቻሉ ነው። በኢንደስትሪ አብዮት የማፊብረኪያ ቤቶች በከተሞች የተማከሉትን ዓይነት አደረጃጀት አይጠይቅም። በዚህ ባሕሪው የተነሳ ወደ ናኖስልተምርት በመሸጋገር ላይ ያለ ሕብረተሰብ የወደፊቱን ከግንዛቤ በማስገባት ለመጭውና ለማይቀረው ሁኔታ ራሱን ማዘጋጀት ይችላል።

ይህን ለማለት የሚያስችለን በካፒታሊስት ስልተምርት የፋብሪካ አመራረት ሰዎች በከተሞች እንዲከትሙ፣ የቀድሞው ስልተምርት በሃይማኖት ተቋማት የሚሰጠውን ትምህርት ወደ ትምህርት ቤቶች፣ ማህበራዊ ግኑኝነት ከቤተሰብ ወደ ባልደረባነት እንደቀየረው ሁሉ የናኖስልተምርትም በአመራረት ጠባዩ የተነሳ አዳዲስ ኢኮኖሚያዊ፣ ማህበራዊና ፖሊቲካዊ አደረጃጀቶችን ስለሚያስገኝ ነው።

ከሁሉም በላይ ናኖስልተምርት በኢንደስትሪ ስልተምርት ሕብረተሰብ የተፈጠሩ ከተሞችን ገሸሽ የሚያደርግ ስለሆነ ሰፋፊ ግቢ ያላቸውና በገጠርና በከተማ መሃከል ያሉ ልዩነቶች የጠፉበት ሁኔታን ይፈጥራል። እያንዳንዱ ቤተሰብ በመገናኛ መረቦች በሚፈልገው ሙያ ተሠማርቶ በማተም ማምረቱ ብቻ ሳይሆን እያንዳንዱ ቤተሰብም በአንጻራዊነት አብዛኛውን የሚፈልጋቸውን ነገሮች ስለሚያመርት የስልተምርቱን ዘይቤ ለማሳየት በምዕራፍ 5

አንድ በናኖሥልተ ምርት ውስጥ ያለ ቤተሰብን አኗኗር በምናብ ያየንበት ሁኔታ ትዝ ሊላችሁ ይገባል። ይህ ቤተሰባዊ የሆነ አመራረት የተቻለው በአዲሱ ቴክኖሎጂ ምክንያት ሲሆን ቤተሰቡም ጊዜውን በቦዘኔነት ሳይሆን በውጤታማነት ለማሳለፍ የሚያስችል በመሆኑ ከመቼውም ዘመን ይበልጥ ሰዎች ሥራን እንደ መርገምት ሳይሆን እንደ እለታዊ የተዝናና አኗኗር አካል አድርገው እንዲቆጥሩት ያስችላል።

ይህ ግን በአንድ ጊዜ ዘሎ የሚደረስበት ሳይሆን የናኖቴክኖሎጂ እድገትና የማህበራዊና ፖሊቲካዊ መዋቅራዊ ለውጦች በመደጋገፍ የሚያመጡት ይህም ካልሆነ ዓለምን በፖለቲካ አተራምሶ የሚነግሥ ሥርዓት ይሆናል።

ቢሆንም ግን ምን እንደሚከተል አውቆ ያ የማይቀረው ነገር እንዲፋጠንና እንዲመቻች የሚያገለግሉ እርምጃዎችን መውሰድ ተገቢ ይሆናሉ።

በተለይ በእኛና እኛን በሚመስሉ አገሮች የመጀመሪያው ደጋፊ እርምጃ በአደጉ አገሮች እንደሚደረገው ዩኒቨርሲቲዎቻችን በናኖቴክኖሎጂ ምርምርና ላቦራቶሪ ፕሮግራሞችን በጥልቀት በማካሄድ የናኖቁስ አምራች ተቋማትን መፍጠርና ማጠናከር ነው። ይህ ዓይነቱ ጥንካሬ ዓለም ወደ ደረሰበት የተራቀቀ የምርት አደረጃጀት ያደርሰናል። በአሁኑ ጊዜ ወደ ኢንደስትሪ ሕብረተሰብ ለመሸጋገር ሦስተኛና አራተኛ ፍብረካ ፋብሪካዎች ከሌላው ዓለም እየተነቀሉ በአገራችን መተከላቸው እንዳለ ሆኖ ዩኒቨርሲቲዎቻችንና ላቦራቶሪዎቻችን ወደ ናኖቴክኖሎጂና ናናቁስ ማምረት አቅም ተጠናክረው በአገራችን የናኖማኑፋክቸሪንግ መሠረት መጣል ይኖርበታል። ይህ የደጋፊዎች ሁሉ ደጋፊ መሸጋገሪያ ነው።

በአሜሪካ ውስጥ National Nanomanufacturing Network (NNN) ማለትም ብሔራዊ የናኖፍብረካ ቅንጅት የሚለው ድርጅት በምርምር ተቋማት፣ መንግሥትና ኢንደስትሪ መሃከል ቅንጅትን በመፍጠር ናኖቴክኖሎጅን ለማጠናከር የሚሠሩ ድርጅቶች ቅንጅት ነው። በኛም አገር

ብዙ ማህበሮች እየተቋቋሙ የእነዚህ ቅንጅቶች ደግሞ ተጠናክረው መውጣት ደጋፊ የሆነ አሠራር ነው። በኛም አገር የዚህ ዓይነት ማህበሮችና ኔትዎርኮች እንዲስፋፉ መሥራት ያስፈልጋል።

በፖሊቲካና ማሕበራዊ ኑሮ በኩል ደጋፊ እርምጃዎች ለበለጸጉትም ለድሆቹም አገራት ተመሳሳይ ናቸው። የመጀመሪያው ያልተማከለ አስተዳደርን በቀበሌዎች ደረጃ ማጠናከር ሲሆን ይህም በኋላ ጊዜ የናኖቴክኖሎጂ መዳብር የሚያመጣውን ለውጥ በቀላሉ ለመቀበል ያስችላል። ያልተማከለ አስተዳደር መዋቅሮችን ወደ ከተማ በሚያድጉ የተፋፈጉ ቤቶችና መኖሪያዎች ዙሪያ ሳይሆን የቀበሌ የቤተሰብ የተራራቁ መኖሪያዎችን በማከለ ዘዴ ለብቻው የቆመ ማድረግ ጠቃሚ ይሆናል።

ይህንኑ ያልተማከለ አሠራር ለማጠናከር የኢንተርኔት መረብን ማዳረስና የየቀበሌውን የማሕበራዊ ማዕከል የመረቡ ዘመናዊ ቴክኖሎጂ ተጠቃሚነት ማረጋገጥ ነው። ይህ ያልተማከለ ግን በግኑኝነት መረቡና በስታንዳርዶች ተፈጻሚነት በዓለም ታይቶ በማይታወቅ ደረጃ አንድ ወጥነትን የሚፈጥር ሥርዓት ላይ ላዩን ሲያዩት የተበታተነ ሊመስል ይችላል።

ሌላው ለወደፊቱ ሕይወት ሽግግር ከተሞች የቀኑ እንዲሆኑ ቤት ለቤት የተዛዘሉ እፍግፍግ ያሉ ከተሞችን ከማዳበር ይልቅ በሰፋፊ የቤተሰብ ግቢ ዘርዘር ብለው የሠፈሩ ከተሞችን ማስፋፋት ይጠቅማል። እንደዚህ ያሉ ከተሞች በቀላሉ በኮሙኒቲ ማዕከላት ዙሪያ ተደራጅተው የአዲሱ ናኖሥልተ ምርት ትግበራ ላይ በግቢያቸው የምርት ማተም ብቻ ሳይሆን ከእርሻ ጋር የተያያዙ የራስ መቻል ሥራዎችን እንዲያቀላጥፉ ያስችላል።

የዩናይትድ ስቴትስ፣ የኔዘርላንድ የመሳሰሉት የከተማና የገጠር አደረጃጀቶች ልዩነቶች አለመስፋት ለወደፊቱ ሽግግር ቀናነት መንገድ የሚከፍት ነው ተብሎ ሊወሰድ ይችላል።

ወደፊት የሸቀጦች በባሕር፣ በየብስና በዓየር ከረጅም እርቀት መጓጓዝ ስለሚቀር የፋብሪካ አመራረት መፍረስና የከተሞች መቅረት፣ ከከተሞች ጋር ተያይዘው የዳበሩ ማህበራዊ ሕይወቶችም ቀሪ ይሆናሉ። ከኮሙኒቲ ውጭ ከኮሙኒቲው ጋር ያልተሳሰሩ የአገልግሎት መስጫዎች ትምህርት ቤቶችን ጨምሮ ቀሪ ይሆናሉ ማለት ነው። በዚህ ረገድ ስንመለከተው ከአሁኑ የከተሞቻችንን ፕላን ከልሰን በአብዛኛው በሰፋፊ ግቢዎችና ራቅ ራቅ ባሉ ቤቶች መቀየስ የወደፊቱን ሽግግር ቀላል ያደርገዋል።

በኮሙኒቲ የተስፋፋው የቤተሰብ አመራረት ዋና ጠቅላይ በመሆኑ በአብዛኛው የምርት ልውውጦች የሚከናወኑበት ነው። የመረጃ መረቦች ሁሉን አቀፍ በሆኑበትና የመረጃ ልውውጠና ትንተናው ፈጣንና ቀልጣፋ በሆነበት ዘመን ቀድሞ ብሔራዊ መንግሥታት ከጦርነት በመለስ የሚያከናውኗቸውን ተግባራት መፈጸሚያ ማዕከል ነው። ይህም ቢሆን እያንዳንዱ ቤተሰብ በተቃርኖ የቆመበት ወይም እያንዳንዱ ኮሙኒቲ ከሌላው በተቃርኖ የቆመበት ሳይሆን ዓለምአቀፋዊ ደረጃዎችን ከቤተሰቡና ከዋናው ማዕከል ጋር ያለውን የመረብ ትስስር ማቀላጠፍ ነው።

ይህ እንግዲህ በምናብ የምናየው ዓለም ሲሆን ለዚህ የምናብ ዓለም ደጋፊ የሚሆኑ ኢኮኖሚያዊ፣ ማህበራዊና ፖሊቲካዊ አደረጃጀቶች ምን መሆን አለባቸው?

ካልተማከለ አደረጃጀትና የተስፋፉ የኢንተርኔት መረብና ቴክኖሎጂ ሌላ የኮኦፕሬቲቭ የፋብሪካና የአነስተኛ ዘመናዊ እርሻን ማጠናከርና በአዲሱ የናኖቴክኖሎጂ ውጤቶች እንዲደገፉ ማድረጉ ባልተማከለው አስተዳደር የኢኮኖሚ፣ የባሕልና የፖለቲካ አስተምህሮ ማዳበሪያነት ስለሚያገለግል ደጋፊ እርምጃና አካሄድ ተደርጎ ሊቆጠር ይችላል። በአሁኑ ጊዜ የለሙት አገሮች እየተዉት ያለውን የማስ ፕሮዳክሽን ለተወሰነ የሽግግር ጊዜ ገንዘብ ለማግኛ ካልሆነ የኮኦፕሬቲቭ ምርትና ዕውቀትን የሚገል አሠራር ተደጋፊ አይሆንም።

ለምሳሌ ያህል የቤተሰብና የኮኦፕሬቲቭ የዶሮ እርባታና የዶሮ ሥጋ መሸጫዎችን በትላልቅ የማስ ፕሮዳክሽን መተካት የቤተሰብና የኮኦፕሬቲቭ የዶሮ እርባታና የዶሮ ቁራዎችን ያፈርሳችዋል ለወደፊቱም ሽግግር አቀበት መውጣት ያደርገዋል። ደረጃ በደረጃ በሁሉም ፍብረካዎች ደጋፊ አሠራሮችን በእቅድ መፈጸሙ በቀላሉ ወደ ናኖስልተምርት የመሸጋገሪያ ዘዴ ነው። ይህ አሠራር ሃብት በጥቂት ኦሊጋርኮች እጅ ከመጠቃለልም ሊያድንና በዚያው የአዲሱ የናኖቴክኖሎጂ ስልተምርት ፍትሐዊ አደረጃጀትን ሊደግፍ ይችላል።

ካልተማከለ አደረጃጀት፣ የተስፋፉ የኢንተርኔት መረብና ቴክኖሎጂ፣ እንዲሁም የኮኦፕሬቲቭ የፋብሪካና የአነስተኛ ዘመናዊ እርሻን ከማጠናከር ሌላ የኮሙኒቲ ማዕከሎችን በቀበሌ ደረጃ ማጠናከርና የትምህርትና የሳይንሳዊ ባሕል ማዕከል ማድረግ ሌላው ደጋፊ ነገር ነው። እነዚህ ማዕከላት የሃይማኖት፣ የዘርና የትምክህት ማስፋፊያ ሳይሆኑ የሳይንስ፣ ፍልስፍናና የዘመናዊ አኗኗር ማሳያ፣ ማወያያና የናኖቴክኖሎጂን ማስተዋወቂያ መሆን ዋና ደጋፊ የመሸጋገሪያ ድልድይ ነው። በመሃከለኛው ክፍለ ዘመን የኮማሪት ቤቶች በከተሞችም ትያትር ቤቶች ሲኒማ ቤቶች የሥነጽሑፍና የሥነ ትወና ዩኒቨርሲቲዎችን የሳይንስና የምርምር ማዕከል ሆነው አገልግለዋል። በከተሞች መቅረት የባሕልና የምርምር ማዕከሎች የሚሆኑት የኮሙኒቲ ማዕከሎች የዘመናዊ ባሕልና ትስስር አውታሮች ይሆናሉ።

ዓለም አቀፍ የፖለቲካ ግኑኝነትም በአዲሱ ስልተምርት የ3ዲ ሕትመት አካባቢያዊ በመሆናቸው ለገበያ ፍለጋና ለጥሬ ዕቃ ዘረፋ ኢምፔሪያሊስታዊ ግኑኝነትን አይጠይቅም። ይህንን በቀጣዩ ምዕራፍ እንመለከተዋለን።

8. በገፍ ለሚመረቱ ቁሶች ሃብታም ገዥዎችን የማፈላለግ አባዜን የሚሠብረው ስልተምርት

አንድ ቁስ አምራች ለሚያመርተው ምርት ሊጠቀም የሚችል የሰው ቁጥር ባላነሰበት ሁኔታ ለምን የገበያ ችግር ይፈጠራል። መልሱ ቀላል ነው። አንድ አምራች እቃውን በውድ ለመሸጥ ሃብታሞችን ስለሚያፈላልግ ነው። ሃብታሞችን ማፈላለጉ ደግሞ ቁልፍ የሚሆነው የኢንደስትሪ ምርት በከፍተኛ ቁጥር በአጭር ጊዜም ወደ ገበያ ሊቀይር በመቻሉ ነው። ይህ ለገበያ የሚደረግ ፉክክር በግለሰቦች መሃከል ብቻ ሳይሆን በአገሮችም መሃከል የሚታይ ነው። የአሜሪካን የአውሮፓን ገበያ የምንፈልገው ከዚያ ዕቃ በውድ ለመግዛት አቅም ያላቸው ሰዎች በብዛት ስላሉ ነው። የቻይናው ኒዮሊበራሊዝምና የምዕራቡ ኒዮሊበራሊዝም በዚህ ረገድ እኩል ተፎካካሪዎች ናቸው።

ይልቁንስ የሶቪዬት ሕብረቱ ኒዮሶሻሊዝም የካፒታሊዝምን ጠባይ ሳያካትት ለመሄድ የሚጥር ስለነበር የኢንዱስትሪ ምርት ዓላማው ወደ ውጭ ሸቀጥ ለመስደድና ገበያዎችን ለመቆጣጠር ያለመ አልነበረም። ይህም ገበያ ተኮር ያልሆነ አሠራሩ በብዛት ማምረትና ለሕዝብ ማዳረስ ላይ ያተኮረ ስለነበር በሳይንስና ሂሳብ ረገድ ያስመዘገባቸውን ተወዳዳሪ የሌላቸው እርምጃዎች ጥራት ያላቸው እቃዎችን ወደ ማምረት ሊቀይራቸው ሳይቻለው እንደቀረ ቀደም ሲል ተጠቅሷል።

በአሁኑ ጊዜ የናኖቴክኖሎጂን ሥራ ላይ እያዋሉ በሸቀጦች ጥራት የዓለም ገበያን ለመቆጣጠር የሚደረገው ትግል በየአገሮቹ የሥራ አጥነትን ቁጥር በመጨመርና ሃብትን በጥቂት ሰዎች እጅ በማጠቃለል በሁሉም አገሮች የኑሮ ደረጃ መራራቅና በአነስተኛ የሰው ሃይል የተሠሩ ሸቀጦችን በዓለም

ላይ የማሰሱ አሠራር ሃብታም ገዥዎችን የማሳደድ አባዜ ተብሎ ሊጠቃለል የሚችል ነው።

ናኖቴክኖሎጂ ሃብታም የሸቀጥ ገዥዎችን አባዜ የሚሠብረው ስልተምርቱ የሸቀጥን ባሕሪ በመለወጥ ነው። ምርቶች በናኖቴክኖሎጂ በየአካባቢው የሚታተሙ እየሆኑ ሲሄዱ የሸቀጦች ዋጋ የማጓጓዣና የማከማቻ ዋጋን ወደ ምንምነት ስለሚለውጠው የዲዛይኑ ባለቤትነት እምብዛም የመሆኑ ነገር ደግሞ በእውቀት ለሁሉም ተደራሽ ከመሆኑ አንጻር ይሸረሽረዋል።

ስለዚህም በኢንደስትሪ ምርት የከተሞችን ማደግ፣ ከተሞች የፖለቲካ ማዕከል መሆንን፣ መንግሥት የሸቀጥ ንግድን በካፒታሊስቶቹ ወኪልነት ሌሎችን መጋፋትና ኢምፔሪያሊዝምን እንዳስከተለ ሁሉ በናኖቴክኖሎጂም ምርት በየአካባቢው የሚመረትና በአካባቢው በጥቅም ላይ የሚውል መሆኑ የቤተሰብንና የአካባቢን የማሕበራዊና ፖለቲካዊ ማዕከልነትን ያስከትላል። ይህም ሃብታም የሸቀጥ ገዥዎች ማሳደድ አባዜን በኒዮሊበራሊዝምና በቻይናው ኒዮሶሻሊዝም ሥልተምርቶች የሚደረገው በሸቀጥ ላይና ሃብታም ገዥዎችን በማፈላለግ ላይ የተመሠረተ አሠራርን ያዳክማል። በየአገሮቻቸውም ላይ የሚከተለውን የሥራ አጥነትና ጎስቋላነት የመሠረተ ልማቶችን በማስፋፋትና አዳዲሶችንም በመክፈት የናኖቴክኖሎጂ በፋብሪካዎች ያፈናቀላቸውን ሰዎች ለመቅጠር የሚያደርጉት ሙከራ ራሱ ናኖቴክኖሎጂ በአነስተኛ የሰው ሃይል መሠረተ ልማቶችን መሥራት በማስቻሉ ይከሽፋል።

ናኖቴክኖሎጂ ዓለም በእውቀት ላይ በተመሠረተ አሠራር ለናኖስልተምርት ሁለተናዊ ትግበራ እንድትሠራ ካለዚያም ዓለምን በሚያጥለቀልቅ አብዮታዊ አመጽ አዲሱ ሥልተ ምርት በሁለንተናዊ መልኩ እንዲተገበር ይሆናል ብሎ መገመት አላዋቂ አያሰኝም።

ለምንድነው ናኖቴክኖሎጅን በሁለንተናው ሳይሆን በፋብሪካ አመራረት ላይ ብቻ እንዲያተኩርና ከኢንተርኔት መረብ ጋር የተያያዙ የናኖፍብረካዎችንና መረቦችን በግለሰቦች

ሃብትነት ማስያዝ የሚመረቱ ሸቀጦች በየአገራቸው ብቻ ገዥ አግኝተው እንዲሠሩ የማያስችለው የሚለው ጥያቄ መነሳቱ አስፈላጊ ነው። በዚህ መጽሐፍ በገጽ 7 ላይ በተመለከተው በናኖቴክኖሎጂ የብረት ድልድይ አሠራር ላይ የሚታየውን ማጤኑ ለዚህ መልስ ይሰጣል። በዚያ ማብራሪያ የደች መሃንዲሱ ላርማን ሁለቱን ሮቦቶች በካናሉ ላይ አድርጎ ካስነሳ በኋላ በሁለት ወሩ ተመልሶ ሲመጣ የሰው መሸጋገሪያ ድልድዩ ካለምንም የሠራተኞች እርዳታ አልቆ ይጠብቀዋል። ይህ ሁኔታ በሃያኛው ክፍለ ዘመን ኮሙኒዝም ሲመጣ ሰው እንደችሎታው እየሠራ እንደፍላጎቱ ያገኛል ይል የነበረው ግምት እንኳ ሊተገበር እንዳይችል ናኖቴክኖሎጂ የማይቻል እንደሚያደርገው ያሳያል።

ስለዚህም ናኖቴክኖሎጂ የሚያመጣው ለውጥ ሥር ነቀል ነው። በዚች መጽሐፍ በምዕራፍ 4 እና 5 እንደተጠቀሰው ናኖቴክኖሎጂ የሚደግፈው ቤተሰብን ማዕከል ያደረገ የምርት ግኑኝነትና ቤተሰብን መሠረት ያደረገ በመገናኛ መረብ የተሣሠረ አመራረት፣ ፖለቲካዊና ማሕበራዊ አደረጃጀትን ነው። በዚያ ሥርዓት ሰላም፣ የመኖር ዋስትና፣ ከጭንቀት ነጻ የሆነና ጤንነቱ የተጠበቀ፣ ሥራ የደስታ ምንጭና ማህበራዊ መስተጋብር የሆነበት ሁኔታ ዓለም ዓቀፋዊ በሆነ አዘረጋግ እንዲረጋገጥ ያስችላል።

አሁን በዓለም ላይ የገነኑት ኒዮሊበራሊዝምና የቻይናው ኒዮሶሻሊዝም ቋሚና ዘላለማዊ ናቸው ወይስ እንደ ሶቪዬት ሕብረቱ ኒዮሶሻሊዝም ወቅታዊና የሚያከትሙ ናቸው የሚለው ጥያቄ በአሁኑ ጊዜ አከራካሪ መሆኑ እየቀረና ኒዮሊበራሊዝምም ሆነ የቻይናው ኒዮሶሻሊዝም በአዲሱ የናኖቴክኖሎጂ በሚያስገድደው ስልተምርት ተተኪ እንደሚሆኑ ግንዛቤ እያገኘ መሆኑን ከላይ ያለው ትንታኔ ያሳያል ብዬ አምናለሁ።

የአሁኑ ዘመን ኢንደስትሪ ላይ የተመሠረተ ዓለም ዘላቂ አይደለም ስንል ነገ ላይ ተነስተን ኢንደስትሪዎችን ማውደም አለብን ማለት አይደለም። ከተሞች፣ ዘመናዊ ትምህርት ቤቶች በኢንደስትሪያዊ ሕብረተሰብ የተቃኙ ናቸው ስንል እንዚህ ነገሮች ነገ ላይ መጥፋት አለባቸው ማለት አይደለም። ለማለት

የተፈለገው የኢንደስትሪ ስልተምርት በአዲሱ የናኖቴክኖሎጂ በጤነኛ ሁኔታ የማይደገፍ ስለሆነ የናኖቴክኖሎጂ የሚጠይቀውን ስልተምርት በመከተል የአመራረት ሥርዓታችንና የምርት ግኑኝነትና ተዛማጅ ባሕሎች ለውጡን በማራመድ ሰላማዊና አመርቂ ሽግግር መደረገ አለበት ማለታችን ነው።

ተከታዮቹን ዓሥረ ዓመታት በንቃት ላይ የተመሠረተ ለውጥን ታዳጊ አገሮችም ያደጉ አገሮችም እንዲተገብሩ ቀጣዮቹ ምዕራፎች ያተኩራሉ።

9. ዓለም ዓቀፍ አገዛዝና ቤተሰባዊ ፌደራሊዝም

የሶቪዬት ኒዮሶሻሊዝም አሠራር ላይ የሊበራል ካፒታሊስትን የሸቀጥ ገበያ በማካተት፣ ቻይና ያስመዘገበችው የውጭ ንግድን ማቀላጠፍ፣ ከሁለተኛው የዓለም ጦርነት በኋላ ሊበራሊዝም የሶቪዬት ሕብረትን ግፊት ለመቋቋም የሶሻሊዝም መርሆችን በማዳበል ያገኘው ጥንካሬ ጋር ይመሳሰላል። ሊበራሊዝም በዚያ እርምጃ የሶቪዬት ሕብረትን ለማዳከምና ለማፍረስ አብቅቶታል። ይህ በቻይና የተወሰደ እርምጃ ከሁለተኛው ዓለም ጦርነት በኋላ አንዳንድ ምሁራን የአውሮፓ ሥልጣኔ ሁለት ገጽታዎች የሆኑት ሶሻሊዝምና ሊበራሊዝም እየተቀራረቡ እንዲሁም የሶሻሊዝምና ሊበራሊዝም የቡድን አባቶች ሆነው የወጡት ሶቪዬት ሕብረትና አሜሪካ አንድነት እየፈጠሩ ሄደው አንድ በመሆን የዓለም መንግሥት ይመሠረታል ብለው ሲያቀነቅኑ የነበሩት ሃሳብ ከሸፈ። ሞቶ ተቀበረ።

በአሁኑ ጊዜ የቻይና ኮሙኒስት ፓርቲ የገበያ ሥርዓትን በማቀንቀን አሜሪካ ከሁለተኛው የዓለም ጦርነት በኋላ የሶሻሊዝምን መርህ ከሊበረሊዝም ጋር በማዳበል ያገኘችው ጥንካሬ ዓይነት ተጎናጽፏል። የአሜሪካና የአውሮፓ ሊበራሊዝም ከሶቪዬት ሕብረት መውደቅ በኋላ የሶሻሊዝም መርሆችን አራግፎ ጥሎ ቅልጥጥ ያለ ሊበራሊዝም ተከታይ በመሆን ከሶቪዬት ሕብረት ውድቀት ሳይማር ቀረ። በአሜሪካ ውስጥ የዴሞክራቲክ ፓርቲዎች ተጠናክረው ሁኔታውን ካሻሻሉት ቻይናና አሜሪካ እኩል የርዕዮተ ዓለም ተፎካካሪነትን ይጎናጸፋሉ።

ይህ ዓይነት ሁኔታ ከተፈጠረ እንድገና የሁለቱ ሥርዓቶችን ውህደት በማቀንቀን ስለአዲሱ የዓለም መንግሥት

መፈጠር የሚሰብኩ አስተምህሮዎች ብቅ ሊሉ ይችላሉ። ይኸም ቢሆን ግን የእሳቤያቸው መሠረት የኢንደስትሪ ስልተምርት ላይ የተመሠረተ ስለሚሆን ዘላቂነት አይኖረውም።

በኢንደስትሪ ስልተምርት ላይ የተመሠረተ በቻይናው ኒዮሶሻሊዝምና በምዕራቡ ኒዮሊበራሊዝም በኩል በሁለቱም ወገን የሚቀነቀነው ብሔርተኝነት ከሶቪዬት ሕብረት ግላስኖስት በኋላ የአውሮፓ ሁለቱ ባሕሎች ማለትም ሶሻሊዝምና ሊበራሊዝም ተቀራርበው አዲስ የዓለም ሥርዓት መፍጠር ተኮላሽቷል።

ቀደም ሲል ሶቪዬት ሕብረት ኒዮሶሻሊዝም ዘላቂና ዘላለማዊ የካፒታሊስቱ የምዕራቡ ሥርዓት ወቅታዊና ጠፊ አድርጎ በመመልከት ይሠራ የነበረውን ሥህተት በመድገም ኒዮሊበራሊዝም ዘላቂና ዘላለማዊ መሆኑን አውጆ በአሜሪካ መሪነት ተንቀሳቀሰ። በዚህ ዘላለማዊነት አስተምህሮ ዕውን መሆን ደግሞ የቀድሞ ሶሻሊስት አገሮችን በራሱ ምህዋር ውስጥ በማስገባት የመጨረሻውን የኒዮሶሻሊስት ካምፕ የሆነውን ቻይናን አጥብቦ ይዞ ለመዋጋት በቀድሞ የቀዝቃዛ ጦርነት ወቅት የነበረውን የኔቶ የጦር ሕብረት አስፋፋው።

ይህ በአሜሪካ ብሔርተኝነት ላይ የተመሠረተ በኒዮሊበራሊዝም መርህ የዓለም መንግሥት ምሥረታ በአጸፋው የሃይማኖት አክራሪነትና እንደ ሩሲያና ቻይና በመሳሰሉትም ብሔርተኝነት ከሮ እንዲወጣ ስላደረገው አዲስ ቀዝቃዛ ጦርነት እንዲያነሠራራ አደረገ።

ኒዮሊበራሊዝም በታዳጊ አገሮችም ላይ አስተምህሮውን ለመጫን ያደረገው ሙከራ የተሳካ አልነበረም። ዴሞክራሲን ለማስፋፋት በተደረገ ጥረት የቀለም አብዮቶች ያስከተሉት ብጥብጥ ለየት ያለ አሪስቶክራት መደብ (የጦር አበጋዞች) የሚባሉ ፈጠረ። በ"ጭቆና ሥርዓት" በሰላም ለመኖርና ለመሥራት ያልቻሉት ሰዎች እየተፈናቀሉ ወደ አውሮፓና አሜሪካ መፍለስ ያዙ። ሩሲያን ለማጣበብ የተደረገው ጥረት ሩሲያ ከአውሮፓ መለያዋ ይልቅ የእሲያ መለያዋን እንድታጠብቅ አደረገ። በሶሪያ፣ በጆርጅያና በዩክሬን ሩሲያ

ይዞታዋን ይዛ ለመቆዬት እንዳትችል በተደረገባት ግፊት ከሁለተኛው የዓለም ጦርነት በኋላ ታይቶ የማይታወቅ መፈናቀልን አስከተለ። የመጀመሪያው ቀዝቃዛ ጦርነት የእጅ አዙር ዉጊያ መስክ አፍሪካና ኤሲያ የነበረ ሲሆን በሁለተኛው ቀዝቃዛ ጦርነት በአረቡ ዓለምና በአውሮፓ ላይ አተኮረ።

የመጀመሪያው ቀዝቃዛ ጦርነት ወቅት የፍልሚያ መስክ የነበሩት ኢትዮጵያ፣ አንጎላ፣ ሞዛምቢክ፣ ከኤሲያ ቪዬትናም፣ ካምቦዲያ የቀድሞውን ሥርዓታቸውን በእጅጉ ሳያፈርሱ ገበያ መር አስተዳደግን በመከተላቸው ሻል ያለ የዕድገት አቅጣጫና የሶሻሊስት መርህንም ድሃ ተኮር እድገት በሚለው ተክተው ተራመዱ። በአካባቢያቸውም የተረጋጉና የጸጥታ አውታሮች ተብለው ለመታወቅ በቁ። እነዚህ አገሮች ከቻይና ጋር በፈጠሩት ቁርኝት የመሠረተ ልማቶችን ለማስፋፋትም በመቻላቸው ወደ ኢንደስትሪ ሕብረተሰብ ለመሸጋገር በጥሩ አጋጣሚ ላይ ይገኛሉ። ይህም ቢሆን ግን ጎስቋላ ሕዝባቸው ኑሮው እየተሻሻለ መሃከለኛ መደብ ላይ የሚገባውም እያደገ ከመሄድ ፋንታ በሙስና የተተበተበ ማፊያ አሪስቶክራት በመፍጠር በኑሮ ደረጃ መራራቁ ከፍተኛ ክፍተት እያሳየ ይገኛል።

የናኖ ስልተምርት የኢኮኖሚ አወቃቀርና ማህበራዊ ግኑኝነቶች በማርክስና ኤንግልስ ከተተነበየው የኮሙኒስት ሕብረተሰብ ለእያንዳንዱ እንደፍላጎቱና እያንዳንዱ እንደ ችሎታው ከሚለው መርህ በጣም ይለያል። የኮሙኒስት ሕብረተሰብ በኢንደስትሪ አብዮት በተፈጠረው የኢንደስትሪያዊ አመራረት ዘይቤ ላይ ተመሥርቶ የተደረገ ትንበያ በመሆኑ ሥራን ከማሕበራዊ ግኑኝነቱ ውጭ የተነበየው በኢንደስትሪያዊ አመራረት ዘዴ ላይ ነበር። በዚህም የተነሳ እያንዳንዱ እንደ ችሎታው የሚለው መርህ የተመሠረተው በዚያ ዓይነቱ የሥራ አደረጃጀት ላይ መሆኑ የናኖ ስልተምርት ደግሞ በ3ዲ ማተምና በናኖቴክኖሎጂ ላይ የተመሠረተ፣ የሥራ ከባቢውም ቤተሰብና ኮሙኒቲ በመሆኑ የአመራረት ዘዴውና አደረጃጀቱ በኮሙኒዝም ይሆናል ተብሎ ከተተነበየው የተለየ ነው።

የአዲሱ ዓለም ሁኔታ በዚህ ቴክኖሎጂ መቃኘቱ ስለማይቀር አሜሪካ እንደገና የሶሻሊዝም ምርህን ከኒዮሊበራል ዋነኛ መርህ ጋር አቀናጅታ በመሄድ መሃከለኛ ገቢ ያለውን ሕዝብ ብትጨምርና ቻይናም በያዘችው በኒዮሶሻሊዝም ገበያ ሥርዓትን አካታ መሃከለኛ ገቢ ያለውን ሕዝቡዋን ብታሳድግም የሁለቱም ሥርዓት በኢንዱስትሪ ሥልተ ምርት የተቃኘ ስለሆነ እየተቀራረቡ ሄደው የዓለም መንግሥት ሊመሠረት አይችልም። ስለዚህም በናኖቴክኖሎጂ ስልተምርት ላይ የተመሠረተ ሌላ አማራጭ ዓለም አቀፋዊ አደረጃጀትን ማጤኑ ይጠቅማል።

ቤተሰብና በቤተሰብ ውስጥ ያለው የሥራ አደረጃጀት ለዓለም አቀፍ ሥርዓትና መንግሥት መነሻ ነው ሲባል በቅድም ኢንደስትሪያዊ ሕብረተሰብ ቤተሰብ የሕብረተሰብ አስኳል ነው ከሚለው እውነት ጋር ቢመሳሰልም ከኢንደስትሪያዊ ሕብረተሰብ ቤተሰብ በእጅጉ እንደሚለይ መገመት ይቻላል። በኢንደስትሪያዊ ሕብረተሰብ ቤተሰብ የኢኮኖሚ ሕዋስ አይደለም። ፋብሪካዎች፣ ዘመናዊ እርሻዎች፣ መዝናኛዎች፣ ትምህርት ቤቶች፣ የባሕል ማዕከላት በአብዛኛው ከቤተሰብ ውጭ ራሳቸውን የቻሉ የኢንደስትሪያዊ ሕብረተሰብ መገለጫዎች ናቸው። ቤተሰብ የነዚህ ተቀጥላ እንጂ የኢንደስትሪያዊ ሕብረተሰብ አስኳል አይደለም።

የዓለም አቀፍ ሥርዓትና መንግሥትም እስከዛሬ ከምናውቀው ከብሔራዊ መንግሥታት ፌደራሊዝም የተለየ የሚያደርገው ብሔራዊ መንግሥት በኢንደስትሪያዊ ሕብረተሰብ ከሸቀጥ ምርትና ገበያ ጋር የተጣመረ ሲሆን ምርት ከቤተሰብ ጋር በተያያዘበትና የመገናኛ መረብ የመረጃ ትንታኔና ተደራሽነት ፈጣንና ለሁሉም በሆነበት ሁኔታ የየአንዳንዱን ቤተሰብ የመረብ ግኑኝነት ከማረጋገጥ በቀር ለሸቀጥ አቅርቦት ጥሬ እቃ ፍለጋና ለተመረተውም ሸቀጥ ገበያ ፍላጋ ተልዕኮ ያለው መንግሥት አስፈላጊነቱ አይኖርም።

የዓለም ፌደራላዊ ሥርዓትና መንግሥት በጀትም ከብሔራዊ መንግሥት መዋጮ ሳይሆን ዓለም አቀፋዊ የመገናኛ መረብን በየደረጃው ለማካሄድና ለማረጋገጥ

ከእያንዳንዱ ቤተሰብ ለሚሰጠው አገልግሎት በመረብ መረጃው በኩል ተቀናሽ ሆኖ የሚገባ ይሆናል ብሎ መገመት ይቀላል።

በአሁኑ ጊዜ ባለሥልጣን ብለን የምናውቀው ጽንሰ ሐሳብም በቴክኖሎጂውና ቴክኖሎጂው በሚያሠርጻቸው ስታንዳርዶች ጥልቀትና ምጥቀት ስታንዳርዶችን በሁሉም ቦታና በወጥነት ለማዋልና ለመቆጣጠር ከሰው ጉልበት ውጭ የሚያስችል ስለሚሆን ከዚህ ዓይነቱ የመንግሥታዊ መዋቅር የቁጥጥር ሥልጣን ቀጣይ አይሆንም።

የፖለቲካ ፓርቲዎችም የምንላቸው የመደብ፣ የዘር፣ የሐይማኖት ፖለቲካዊ ጽንሰ ሐሳባቸውን ያጣሉ። በብሔራዊ መንግሥታት ፖለቲካዊ ፓርቲዎች ለሥልጣን ሲወዳደሩ በብሔራዊ ደረጃ የሚያስጠብቁትን የመደብ፣ የጾታ ወይም የንግድ ጥቅም ላይ መመሥረቱ ቀሪ ስለሚሆን ሰዎች ለተወሰኑ ጊዜያት በፈረቃ የስታንዳርድ መረቦች መሥራታቸውን የሚመለከቱበት ሥልጣን የምንለው የማንኛውም ተግባር እኩያ ይሆናል።

ከሁለተኛው ዓለም ጦርነት በኋላ አገሮች በሶሻሊስትና ሊበራሊስት ካምፕ ተከፈሉ። አገሮች በሁለቱ ኃያላን ደጋፊነት ሚናቸውን እየለዩ በሁለቱ የቡድን አባቶች ጀርባ ተሰለፉ። በዚያን ወቅት አሜሪካ የባሮክ ፕላን በሚባል በራስዋ መሪነት የዓለም መንግሥት እንዲመሠረት ጠይቃ በሶቪዬት ሕብረት በኩል ስምምነት ስላልተገኘ ይህ መቧደን እውን ሆነ። ሆኖም የካፒታሊስቱ ካምፕ ሃያል ስለነበር የተባበሩት መንግሥታት ሲመሠረት በአሜሪካ አስተባባሪነት አምስት ወንበር ያለው የሴኩሪቲ ካውንስል እንዲቋቋም ሃሳብ አቀረቡ። የዘመኑ ፖለቲካዊ ካርቱኒስት ዴቪድ ሎው አምስት ሰው የሚይዝ አግዳሚ ወንበር ላይ ሦስት ሰዎች ተቀምጠው ሁለት ሰው የሚያስቀምጥ ክፍት ቦታ ትቷል። ለሶቪዬት ሕብረትና ለቻይና መሆኑ ነው። የዚያን ጊዜዋ ቻይና ሁለት ብትሆንም።

በአለፉት ዓመታት ደግሞ የሴኩሪቲ ካውንስል ሃያ አባላት እንዲኖሩት ሞጋቾች ተነስተዋል። ከሃያ ሰው ከሚይዝ አግዳሚ ወንበር አምስቱ ተይዘው 15ቱ ክፍት ሆነው ከመቶ ሃያ በላይ

ከሆኑት አገሮች ውስጥ ሃይለኞቹ 15 እንዲራኮቱበት የታሰበ ነው።

ይህ ዓይነቱ ዓለም አቀፍ አደረጃጀት የተመሠረተው ኢንደስትሪያዊ ሕብረተሰብ የቃኘው ብሔራዊ መንግሥት ጽንሰ ሐሳብ ዘላለማዊ ነው ብሎ ከማሰብ የሚመነጭ ነው።

የናኖቴክኖሎጂ በቃኘው አደረጃጀት የዓለም መንግሥት አደረጃጀት ያልተማከለና ቤተሰብንና ኮሙኒቲን መሠረት ያደረገ የጥቂቶች ውክልናም በተስፋፋው ሁሉም ተደራሽና ተቆጣጣሪ በሆነው ዓለም አቀፍ መረብ በሚተረጉማቸው ስታንዳርዶች ላይ የተመሠረት ይሆናል። ለዚህ ሽግግር ደጋፊ የሚሆነው የወቅቱ እርምጃም መሆን ያለበት ሴኩሪቲ ካውንስል ቀሪ ሆኖ ጠቅላላው ስብሰባ ወሳኝ የሆነበትና የተባበሩት መንግሥታት አስፈጻሚ አካላት የተጠናከሩበት ሁኔታ ነው። ይህ ከ5 ወይም ከ20 ሴኩሪቲ ካውንስል ወደ ጠቅላላው ስብሰባ መተላለፍ በናኖቴክኖሎጂ በሚታገዝ የመገናኛ መረብና ስታንዳርድ ትግበራ ወደ ቤተሰብ ወይም ኮሙኒቲ ፌደራሊዝም መሸጋገሩ ይቀላል።

10. ማጠቃለያ

መጪው ዘመን በአጭር ጊዜ ሁለት አማራጮችን አስቀምጦልናል።

ታዳጊ አገሮች ወደ ኢንደስትሪ ሕብረተሰብ በሚሸጋገሩበት ጊዜ የሥራ ቦታ ዴሞክራሲን በማስፈን የሠራተኛ ማህበራት የተጠናከሩበት እንዲሆን እንዲሁም በአገር ደረጃ ድሃ ተኮር እድገትን መከተልና የኑሮ መራራቅንና ኦሊጋርኮች እንዳይፈጠሩ ማድረግ አለባቸው። ከዚህ ጎን ለጎንም የናኖቴክኖሎጂ ምርምርን ማጠናከርና ከኢንደስትሪ ጋር እንዲተሳሰር ሲያደርጉ የኢንተርኔት መርብና ሕትመት ጋር የተያያዙ ሁኔታዎችን በመንግሥት ደረጃ ማጠናከር ይገባቸዋል።

ያደጉት አገሮች በሽግግሩ ወቅት የሥራ ቦታ ዴሞክራሲን በማጠናከር የሠራተኛ ማህበራት የተጠናከሩበትና የኑሮ መራራቁንም በመቆጣጠር የሥራ ፈጠራን ከኢንደስትሪ ውስጣዊ መዋቅር እንጂ በናኖቴክኖሎጂ ድጋፍ በገፍ የተመረቱ ሸቀጦችን መሸጫ ገበያ ፍለጋ ላይ ማተኮርን መተው ይገባቸዋል። ይህም ማለት የሥራ ሰዓትን በቀን ከስምንት ሰዓት ወደ ታች ማውረድ፣ የዓመት ዕረፍት ጊዜዎችን ማራዘም፣ ከናኖቴክኖሎጂ ጋር የተሳሰሩ ፍብረካዎችን በኮሚኒቲዎች ውስጥ በአገር ደረጃ ባልተማከለ ስርጭት ማካሄድና ቤተሰብንና ኮሙኒቲን በማጠናከር ሁለገብ ልማት የሚካሄድባቸው ማዕከላት ማድረግ ነው። አገልግሎቶችም በእኩልነትና በጥራት ለሁሉም የሚደርሱበትን ሁኔታ ማጠናከር አለባቸው። ለምሳሌ ያህል ትምህርትን የመሳሰሉ ማህበራዊ አገልግሎቶች ለሁሉም በእኩልነትና በጥራት እንዲደርሱ የሕዝብ ትምህርት ቤቶችን ማጠናከርና የክፍያ ትምህርት ቤቶችን ማስቀረት ይኖርባቸዋል።

እነዚህ ሁኔታዎች በንቃት በማይከወኑበት ሁኔታና ብሔራዊ የሸቀጥና ገበያ ፍላጎትን በሌሎች ኪሳራ ለማሟላት መሞከር የሚያስከትለው ጦርነትን፣ ይበልጥ የሥራ አጥ ቁጥር ማሻቀብን፣ ሃብት በጥቂት ሰዎች እጅ መከማቸት፣ የፋይናንስ ቀውስ ይሆናል። ይህም ሁኔታ ካሁን ቀደም ታይቶ የማይታወቅ የኢምፔሪያሊስቶች ፉክክርን፣ ጦርነትንና መፈናቀልን ሊፈጥር ይችላል።

ናኖቴክኖሎጂ ዓለም ወደ ከፍተኛና የምድር ላይ ገነት ለመሆን እንድትችል የሚያደርግ ነው። በጤና በኩል ከፍተኛ እምርታ ይታይበታል። ሰዎችን ለኑሮ በሚያስፈልጉ ነገሮች ሰቀቀን ከመኖር የሚያላቅቅና ሃብት የማግበስበስ በሽታ ያለባቸውንም ሃብት ማግበስበስ በድህረ ኢንደስትሪ ሕብረተሰብ የሕይወት ግብ ሊሆን እንደማይችል ግልጽ የሚያደርግ ነው።

ቤተሰብና ኮሙኒቲ ተጠናክሮና የምርትም፣ የማህበራዊና ስታንዳርድ ማዕከል ሆኖ መውጣትም ሰዎች ጤነኛ፣ ተደጋጋፊ፣ ጊዜያቸውን በጠቃሚ ንቅናቄ የሚያሳልፉበትና ዕውቀታቸውም ወሰን የሌለው እንዲሆን ያስችላል።

መጸሐፈ ሔኖክ እግዚአብሔር ሁለት ዓለም ፈጥሮ እንደነበር ይነግረናል። አንደኛው ዓለም መሬት ስትሆን የፈጠራቸውን የሰው ልጆች ያኖረባት ናት። ሁለተኛው ዓለም እግዚአብሔር ወደ መንግሥቱ ከመሄዱ በፊት የሰውን ልጅ እድገት እንዲከታተሉ የመደባቸው መላዕክት መኖሪያ ነበር። በሁለተኛው ዓለም የተቀመጡት መላዕክት ወደ መሬት፣ የሰው ልጅ መኖሪያ፣ ይወርዱና የሰው ልጅ ሁኔታ ስላሳዘናቸው ብዙ ጥበባትን ያስተምራሉ፣ በጄነቲክ ኢንጂነሪንግም በማዳቀል ጠንካራ ዘሮችን ይፈጥራሉ። በዚህን ጊዜ እግዚአብሔር ከተከታዮቹ ጋር ወደ መሬት ይመለስና በሁለተኛው ዓለም ተትተው የነበሩት አሁን ወደ መሬት የመጡትን አማልክት ለመቅጣት ይወስናል።

በዚህን ጊዜ ሔኖክ ሊቀጡ መሆኑን ባወቁት መላዕክት አማላጅ እንዲሆን ተጠይቆ ወደ እግዚአብሔር ፊት

ይቀርባል። እግዚአብሔርም ለመላዕክቱ ምህረት ለማድረግ እንደማይችል ያስረዳዋል። መላዕክቱ ከሳትና ከነፋስ የተሠሩና ዘላለማዊነት የተሠጣቸው ናቸው። ሰው ግን ከስጋና ከደም የተሠራና ሟች ሆኖ የተፈጠረ ሲሆን ዘላለማዊነቱ በመዋለድ ላይ የተመሠረተ ነው። በዚህም መሠረት የሰው ልጅ ከትውልድ ትውልድ በእውቀቱ እያደገ ሄዶ መጨረሻም እንደ እግዚአብሔር ልጆች ይሆናል እንጂ ጥፋተኞቹ መላዕክት እንዳደረጉት በማቻኮል ሰው እንደ እግዚዘብሔር ልጆች እንደማይሆን ያስረዳዋል። መላዕክቱም የሠሩት ስህተት ምህረት የማያሰጥ መሆኑን ለሔኖክ ካስረዳው በኋላ በማዳቀል (ጄኔቲክ ኢንጂነሪንግ) የተፈጠሩት የዳበሩ ሰዎችም እንዲገደሉ ያደርጋል። እግዚአብሔር ግን ለሔኖክ የሰው ልጅ በመዋለድ ዘመናትን ተሻግሮ የእግዚአብሔርን ልጆች ሲመስል የዚያን ጊዜ ወደ መሬት ወርዶ ከሰው ልጆች ጋር እንደሚኖር ቃል ከገባለት በኋላ አጥፊዎቹ መላዕክት እንዲቀጡና ሁለተኛዋም ዓለም እንድትደመሰስ ይደርጋል።

እነሆ ከዚያን ጊዜ ጀምሮ የሰው ልጅ የእግዚአብሔር ልጆችን የሚመስልበትን የተስፋ ቀን ሲጠብቅ ኖሯል። የእግዚአብሔር መንግሥት መምጣትንም እንዲሁ።

ናኖቴክኖሎጂ የእግዚአብሔር ልጆች ለመሆን ያብቃን። እኛንም፣ ዓለማችንንም ዘላለማዊ ያድርጋት።

አሜን

ስለ ናኖቴክኖሎጂ ማጣቀሻዎች

በዚህ መጽሐፍ ስለ ናኖቴክኖሎጂ ይዘት የተጠቀሱት ለአብዛኛው ሰው ሊገቡ የሚችሉ ቀለል ተደርገው የቀረቡ እሳቤዎች ናቸው። ይበልጥ ለማንበብና ለመመራመር ለሚፈልጉ ማጣቀሻዎች ከዚህ በታች ተዘርዝረዋል። የናኖቴክኖሎጂ ስለሚያስከትለው ስልተምርትና ማሕበራዊና ፖለቲካዊ ለውጦች የተደረጉ ትንታኔዎች ግን የደራሲው ናቸው።

I. የምርምር ተቋማት

በናኖቴክኖሎጂ ምርምር የሚያደርጉ የትምህርትና የሙከራቤቶች በዓለም ዙሪያ በብዛት ይገኛሉ። በአሜሪካ ዋነኞቹና ቀደምቶቹ የሚከተሉት ሲሆኑ በዌብሳይታቸው ብዙ ጽሑፎችን ማንበብ ትችላላችሁ።

ሀ. በናኖኤሌክትሮኒክስና ፎነቲክስ

1. Albany Institute of Technology – New York
2. Cornell University-New York
3. The University of California-Los Angeles
4. Columbia University-New York

ለ. ናኖፓተርኒንግና አሴምብሊ

1. North Western University-Evantson, Illionois
2. Masachusets Institute of Technology (MIT)-Cambridge

ሐ. በናኖሳይንስ ላይ የተመሠረተ ባዮሎጅካልና ከባቢያዊ ተፈጥሮ ጥናት

1. University of Pensylvania-Pliladelphia
2. Rice University- Houston
3. University of Michigan-Ann Arber

መ. በናኖቁሳቁስ ጥናት

1. University of California-Berkeley
2. University of Illionis-Urbana-chamgain
3. Purdue University –Indiana
4. University of South Carolina Nano Center- Colombia
5. Nanomanufacturing Research Institute at Northeastern University- Boston, Masachusetts
6. The Center for Nano Science and Technology-Indiana

II. ቤተሙከራዎች
በነዚህም ዌብሳይታቸው ብዙ ጽሑፎችን ማንበብ ትችላላችሁ።

1. Center for Integrated Nanotechnologies-Sandia
2. National Laboratories in Albukquerque-Los Alamos
3. Ridge National Laboratory-Tennessee
4. Center for Functional Nonomaterials-New York
5. Center for Nanoscale Materials-Illinois
6. Molecular Foundry-California

III. መጻሕፍት

1. ከሎራ ፈርሚ የአቶሚክ ኢነርጂ ታሪክ በዶ/ር ይልማ ወረደ የተተረጎመ
2. በአማዞን ላይ የናኖቴክኖሎጂ መጻሕፍት በማለት ብትፈልጉ በጣም ብዙ ተዘርዝረው ታገኛላችሁ። በዲጂታልም በወረቀትም።
3. በኢንተርኔት ነጻ መጻሕፍት በናኖቴክኖሎጅ ብላችሁ ብታስሱም በፒዲኤፍ ታገኛላችሁ
4. ቤተመጻሐፍትን ጎብኙ